栽花种草

庭院种花与色彩搭配

黎彩敏　黄基传 ——— 编著

江苏凤凰美术出版社

图书在版编目（CIP）数据

栽花种草 : 庭院种花与色彩搭配 / 黎彩敏, 黄基传
编著. -- 南京 : 江苏凤凰美术出版社, 2023.3
　ISBN 978-7-5741-0669-7

　Ⅰ.①栽… Ⅱ.①黎… ②黄… Ⅲ.①庭院—园林植
物—观赏园艺 Ⅳ.①S688

中国国家版本馆CIP数据核字(2023)第018268号

出版统筹　王林军
策划编辑　段建姣
责任编辑　韩　冰
特邀编辑　段建姣
装帧设计　毛欣明
责任校对　王左佐
责任监印　唐　虎

书　　名　栽花种草　庭院种花与色彩搭配
编　　著　黎彩敏　黄基传
出版发行　江苏凤凰美术出版社（南京市湖南路1号　邮编：210009）
总 经 销　天津凤凰空间文化传媒有限公司
印　　刷　雅迪云印（天津）科技有限公司
开　　本　710mm×1000mm　1/16
印　　张　12
版　　次　2023年3月第1版　2023年3月第1次印刷
标准书号　ISBN 978-7-5741-0669-7
定　　价　89.80元

营销部电话　025-68155675　营销部地址　南京市湖南路1号
江苏凤凰美术出版社图书凡印装错误可向承印厂调换

本书图标说明

生长期	生长期	花期	休眠	发芽	果期	赏叶期	落叶期	
光照	喜光	喜半阴	适当遮阴	长日照				
浇水	多	中	少					
施肥	多	中	少	基肥				
病虫害	多	中	少					
繁殖	种子	分株	嫁接	球植	压条	扦插		
修剪	支撑	重剪	修剪	剪花	摘心	造型	清苗	采种

目录

了解你的庭院

一、了解场地

1. 日照

日照包含强度和时长两个因素，它对植物的生长有着极其重要的影响。有的植物需要较强的直射阳光，有的却适合阴生环境；有的需要较长的日照长度，有的却只需短暂光照即可。因此，清楚地了解庭院不同位置的日照情况，可以帮你选择合适的植物品种。

为了客观、准确地掌握庭院的日照情况，可以采用查询和观测记录的方法进行日照分析，分季节、时段、地块进行观测记录。以右图为例，将庭院区域划分为A、B、C、D、E五个地块，并将数据详细记录到表中。

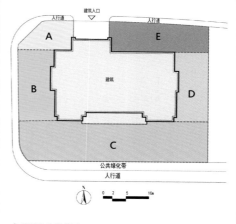

↑ 庭院地块划分图

庭院地块日照时长记录表　（单位：小时）

地块	1月	2月	3月	……	12月
A					
B					
……					
E					

● 注：每月按上、中、下旬分别记录三次，取平均数

2. 朝向

向阳斜坡上的土壤在春天会快速升温，为种植早熟作物或花卉创造良好条件。如果土壤排水顺畅，同样的区域还可以种植需要干旱条件的植物。

朝南的栅栏和墙壁非常适合种植不耐寒的攀援植物、贴墙灌木和整株果树，它们大多数时间都处于阳光照射下，这样有利于开花和结果。墙壁能吸收热量并在夜晚释放，为冬天提供一些额外的防冻保护。

3. 温度和湿度

每种植物都有它生长的最低温度、最适温度和最高温度，植物在最适温度范围内才能生长良好，而在低于最低温度或超过最高温度时，将停止生长，甚至逐渐死亡。

空气湿度影响植物的蒸腾作用以及气孔开闭，过高或过低都将直接影响它的生长状态。不同植物对土壤湿度的要求不同，如沙漠植物与水生植物。

4. 土壤性质

土壤的酸碱性是其基本特性之一，也是影响肥力和植物生长的重要因素。一般植物在中性土中生长最佳，过酸或过碱的土壤会使植物发育困难，甚至导致死亡。

近年来，打造有机花园作为一种环境友好型的园艺技术，受到广泛关注和追捧，这是一种低成本、高效益的园艺手段，主要依赖于有机土壤的管理技术。如果庭院原有土壤肥力不足，不妨尝试使用堆肥、动物粪肥、腐叶土或绿肥等有机肥料来改良，为植物提供必需的养分和微量元素。有机肥料最直接的来源就是堆肥，在花园中设置堆肥箱，可以把家庭的厨余垃圾、园中落叶、剪枝等都利用起来，实现废物再利用。

小贴士：
如何辨别土壤的酸碱性？

● **通过土壤的颜色和质地辨别。**酸性土一般颜色较深，多呈黑褐色；碱性土多呈白、黄等浅色。酸性土质地疏松，透气、透水性强；碱性土质地坚硬，容易结块，透气、透水性较差。

● **使用 pH 试纸检测。**取不同区域的多个土样分别浸泡于凉开水中，充分搅拌后静置 2 ~ 3 分钟，将试纸一端浸入水中，观察颜色的变化。取出试纸与色卡进行比较，中性土 pH 值等于 7，酸性土 pH 值小于 7，碱性土 pH 值大于 7。

5. 场地排水

当雨季来临时，没有做好排水的庭院可能会出现严重积水，不仅影响出行和使用，还会影响植物根系的呼吸，甚至导致植物死亡。

观察一个庭院的排水设计是否成功，可以着重注意以下几点：

① **室内外交界处（出入口）**。出入口是连接室内外的通道，至少需要一级台阶的高差，且需向外轻微放坡处理，否则容易产生积水，甚至雨水内流。必要时可设置截水沟。

② **道路和平台**。此类硬质场地一般会向四周找坡，坡度介于 0.5% ~ 3% 之间，在道路一侧（单侧放坡）或两侧（双侧放坡）以及平台四周设置排水沟，以免形成积水。

③ **场地低洼处和下沉空间**。水往低处流，地面最低处往往是雨水汇聚的地方，必须做好排水措施，比如，设置排水沟或雨水井。

④ **斜坡**。斜坡上的径流速度较快，对坡脚的冲刷力较强，当坡脚有种植区的时候，土壤和植物会流失，并受到一定的损伤。所以，在斜坡上设置截水沟，主要在坡顶和坡脚两个位置，如果坡度大且长，那么斜坡中间也需要设置截水沟。

⑤ **花池和树池**。虽然花池和树池的底部大多连接到自然土壤，雨水可以被根系吸收一部分，但在雨季或大雨过后，自然下渗无法排走全部雨水。因此，花池、树池中也需要设置排水设施。

小贴士：
日照条件好但排水性差的庭院，养花时如何破解？

● 场地排水性差，一般是地势比周边低，容易积水。最根本的解决办法是铺设地下排水管或砂石，打通排水通道。

● 如果土质固化导致排水困难，建议更换或深耕土壤，增加堆肥或腐叶。

● 局部排水特别差的区域可利用抬高式花坛来种植，并在花坛中加设排水设施。

二、庭院主题与色彩

　　把庭院归入某一类型或某一风格是比较困难的，而想要打造一个风格突出且纯粹的庭院也不是一件容易的事。在打造过程中，你可能会不知不觉融入多种元素，有些是因为功能上的需求，有些是源于个人的爱好。因此，从某种程度上来说，庭院风格的确定是一个主观臆断的过程，但这并不妨碍各类园林风格的客观存在，在建造花园之前有必要储备这部分知识。

1. 规则式庭院

　　规则式庭院常常展示出有序的规则式布局，体现一种形态上的约束感，但是不失整体的均衡。常用的元素有几何式的园路、平台、水池、花坛、树池、墙体（有时也会用修剪整齐的植物绿篱代替）等。

　　植物搭配上，需选择能满足规则式种植的品种（能修剪成绿篱或规则式的树木，给二维的庭院带来雕塑感，创造高度和形态上的变化），要求植物能够耐修剪，而且叶形、叶色要相对统一，突出整体设计的几何式布局和线性感。这类植物通常是枝叶比较繁密且生长缓慢的品种，如黄杨、冬青、海桐、福建茶等。

　　规则式庭院也常出现编结成某种形态的植物（如拱形花廊和编织状的绿篱），这类

▲ 规则式庭院

植物要求枝条柔软细长，藤本月季、勒杜鹃、云南黄素馨等可以参考使用。

刺绣花坛是规则式庭院里常用的元素，通常采用耐修剪的常绿低矮灌木（如锦熟黄杨、迷迭香、薰衣草等），根据设计的图案进行种植和定期修剪，像一圈一圈华丽的镶边。"镶边"的中间空余位置，一般会铺设砾石或种植低矮的香草植物，香草植物保持自由生长的状态，与"镶边"的规则性产生明显对比，但是整体的秩序感在"镶边"控制下仍然非常强烈。

种植形式上，大多数植物都采用地栽（极少选择盆栽，因对场地排水性能的要求会较高），局部会采用花台的形式进行种植。

2. 自然式庭院

与规则式庭院带来的控制感不同，自然式庭院往往给人一种自在、放松的氛围，是躲避现代生活压力的较好场所。"柔软"是其最大的特点，通常采用自由流动的曲线（也有一些直线形的），但由于植物对边界的柔化作用，整体显得十分松散，同时还散发出一丝神秘。

这类庭院中，自由生长的植物群落看起来似乎有点失去控制，但实际上却蕴含着一定程度的秩序感，它的成功取决于设计师对植物生长状态的预见性和对效果的控制能力，种植形式几乎全部采用地栽。

↑ 自然式庭院

（1）观赏草花境

近年来，观赏草深受大众的喜爱，其自由松散的生长状态能营造出自带野趣却不失美感的庭院景观。观赏草的主要观赏部位是茎秆和叶丛，它们适应性强，抗旱和抗寒能力好，病虫害少，不需修剪，属于低成本的植物类型，应用十分广泛。

观赏草花境通常采用从低到高的片状或带状种植，主要在高度、色彩和形态上寻求变化，打破种植时容易出现的单调感。

常用的观赏草品种有羊茅属、狼尾草类和芒草类。

↑ 观赏草花境

（2）花卉花境

花卉花境是指采用露地宿根花卉、球根花卉和一、二年生花卉，以带状、片状的自然形式进行种植的一种造景方式，源于自然，却高于自然，既保留了一定的野趣，又不失唯美的艺术氛围。

花卉花境的植物品种丰富，季相变化明显。如果你希望园中四季有花，全年有景可观，那么在选用植物时需要根据不同花卉的花期进行筛选，之后再根据形态和色彩等要素进行美学搭配。

常用的品种有玉簪、萱草、鼠尾草、鸢尾、薰衣草、景天科植物、宿根飞燕草等。

↑ 花卉花境

（3）草花混播

草花混播的种植形式比前二者显得更有自然野趣，较少人工干预和控制，更接近自然的状态。通常在春末夏初的时候，将 10 余种草花种子混合，均匀撒播在土壤上，再铺撒一层表土，然后根据天气情况每天或隔天喷水，等幼苗长至 4 ~ 6cm 时停止喷水，但需保持土壤湿润，定时清除杂草。

草花的花期尽量涵盖四季，常用的品种有月见草、波斯菊、狼尾草、孔雀草、五彩石竹、蝴蝶兰、紫花地丁、凤仙花、百日草等。

↑ 草花混播

（4）专类植物小景

在以植物为主的庭院中，植物占据了绝对的舞台中心。它一般是园主刻意收集、用心栽培的特定类别，甚至是可以展览的植物品种。

植物的收集一般按照主题展开，如兰花类、鸢尾类，也可以根据不同地域进行收集，如热带植物、沙漠植物。还有些园主喜欢收集某种特色植物，如蓝色花卉、银叶植物，有些则喜欢收集价值较高的珍稀植物，如朱丽叶玫瑰、金花茶、百岁兰等。

➡ 沙漠植物

🛠 小贴士：
如何实现低维护？

● 尽量设计不需要很多维护时间和成本的庭院空间。比如，硬质地面的活动空间配休息亭、不需修剪的植物，用花坛或树池来规范植物的生长范围，尽量不设计太大的草坪（需要定期清除杂草），也不要设计浅色池底或容易长青苔的水景，所有的元素都需考虑日后的维护成本。

● 选择耐用且不需经常清洗的园艺材料。

主园路铺装选择不易长青苔、透水性高的材料，小路可以选用浅色砾石，还可以在草坪或砾石间铺汀步石，既节省造价，又不易积水。

● 应选择多年生、常绿且花期长的植物，能适应粗放管理，灌木也不需要经常修剪。最好安装自动浇水设施，免去日常浇水的养护时间。如果不想杂草过多或长势过快，可以采用铺设覆盖物的方法。

3. 以使用功能为主的混搭庭院

这类庭院主要以满足使用为目的，是大多数家庭的首选类型。设计之前，需了解每位成员的潜在使用需求，如户外就餐、聚会聊天等，并根据庭院动线，尽可能地满足多样化的家庭需要。还可以预留一定区域种植作物，让孩子体验播种与收获的乐趣，或者开辟一小块菜园，满足家庭对蔬菜的日常需求。

↑ 乔木、灌木种植在庭院外围，留出家庭活动区域

中式风格

◆ **特点：**

◇ 植物配置少而精，植株的形态、高度均有艺术考究。

◇ 以常绿植物为主，局部点缀落叶或开花的品种，整体风格素雅恬静。

◇ 重要观景之处多以姿态各异的景石与植物相搭配，模拟自然界的山川景象。

◆ **植物选择：**

◇ 大乔木：梧桐、槐树等。

◇ 观赏小乔木：罗汉松、鸡爪槭、红枫、乌桕等。

◇ 与景石相搭配的植物：观音竹、南天竹、蝴蝶兰、麦冬、霹雳薹等。

现代风格

◆ **特点：**

◇ 设计简洁明快，用点、线、面的构成方式组织和关联，形式服务于功能。

◇ 植物设计讲究功能性和观赏性，强调整体的色彩和形态。简洁的草坪、列植整齐的乔木、立体花坛等都是常用的形式。

◆ **植物选择：**

◇ 乔木：细叶榄仁、苦楝、蓝花楹、凤凰木、美丽异木棉等。

◇ 灌木：灰莉、假连翘、琴叶珊瑚、野牡丹、毛杜鹃等。

◇ 地被：细叶结缕草、麦冬和一些常见的花卉植物。

日式风格

◆ **特点：**

◇ 小巧精致，具有禅宗意味。

◇ 池泉园、苔藓园、枯山水、石庭、筑山庭、茶庭等都是常见类型，但枯山水应用范围最广。

◇ 枯山水以抽象、浓缩的方式模拟自然界中的海洋、湖泊、溪流与山川等自然景象，通过石块、砾石、沙子甚至青苔来重建自然风景，园中的一树一石都具有象征意义，是日式造园艺术的巅峰。

◆ **植物选择：**

◇ 植物设计讲究"以极少的元素达到极大的意蕴"的效果，常用的有苔藓、造型罗汉松、修剪型灌木、红枫等。

美式风格

◆ **特点：**

◇ 修剪整齐的灌木、草坪，笔直的园路和大量绿植，看似严谨，实则富有生活情趣。

◇ 各类植物与小品巧妙组合，和谐统一。

◇ 注重家庭生活，常常出现户外餐厅、花园凉亭、阳光房等元素。

◇ 适合面积比较大的庭院，最好能容纳整洁规整的大草坪，兼具舒适度和实用性。

◆ **植物选择：**

◇ 植物元素不拘一格，没有固化品种，可以根据园主喜好并结合设计的基本原则进行搭配。

英式风格

◆ **特点：**

◇ 追求自然、朴实，是天然的图画式花园。

◇ 没有修剪整齐的植物，所有小品在自然生长的植物衬托之下显得尤为悠闲自在。

◇ 阳光草坪是小孩嬉戏的活动空间，爬满藤本植物的花架、亭子是户外休闲的好去处，色彩绚丽的植被与建筑物相映衬，展现出大气、浪漫、简洁的景观效果。

◇ 注重花卉的形、色、味和花期，甚至出现了以某种花卉命名的专类园，如"玫瑰园""薰衣草园""月季园"等。

◆ **植物选择：**

◇ 常用的植物有银杏、悬铃木、栾树、玉兰、月季、玫瑰、郁金香、双色茉莉、使君子等。

4. 植物色彩搭配

植物是庭院中具有生命力的元素，生长、变化是它们的本能。植物的色彩变化大部分来源于开花期呈现出来的花色，小部分来源于叶色的变化。

小贴士：
色彩感知

● 可以使用颜色来改变人们对花园大小的感知。如果在边界上使用暖色，如红色、粉色和橙色，那就会让人感觉自己离建筑物更近。相反，像白色、蓝色和绿色这样的凉爽色，就会让人感觉更远。

（1）同类色搭配

同类色的植物搭配让我们获得统一且协调的色彩感受。如果选用黄色系的同类色开花植物，可以考虑春季开花的迎春花、云南黄素馨、棣棠花、黄花风铃木等。同类色搭配是最容易掌握且不易出错的搭配类型。

↑ 同类色种植

（2）邻近色搭配

邻近色放在一起具有天然的调和感，形成流畅的过渡，采用邻近色搭配的植物空间能给人带来一种心情舒适的感觉。邻近色花卉的搭配使用可以参考黄花葱兰（黄色）与射干（橙色）或蓝雪花（蓝色）与巴西野牡丹（紫色）。

邻近色搭配也比较容易把握，对两种色彩的主次要求没那么高，也是比较常用的搭配类型。

↑ 邻近色种植

（3）对比色搭配

对比色彩具有对比性，空间能呈现出比较醒目的视觉美感。选用对比色搭配的植物，可以参考金光菊（黄色）与蓝花鼠尾草（蓝色）或孔雀草（橙色）与紫茉莉（紫色）。

使用对比搭配庭院植物，需要仔细斟酌主体色与搭配色，考量每个色彩所在的位置，使搭配色能发挥衬托作用，从而突出主体色的视觉地位，初学者可以考虑挑战这类色系搭配。

↑ 对比色种植

（4）互补色搭配

使用互补色搭配的植物是非常亮眼的，具有视觉的冲击力。互补色花卉的搭配可以参考六倍利（紫色）与黄穗冠（黄色）或美女樱（红花）与狐尾天门冬（绿色）。

互补色的植物搭配要求较高，需要把握好主次、位置以及各种色彩的应用比例，否则容易产生杂乱感。

此外，白色系花卉是非常实用且百搭的，它们可以跟各类色系的植物协调。如果把庭院当成是一幅画作，白色花卉就有提升画面亮度、丰富色彩层次的作用，能营造出清爽、沁人心脾的感觉。

↑ 互补色种植

↑ 伊顿 12 色相环

↑ 同类色　　　↑ 邻近色　　　↑ 对比色　　　↑ 互补色

❀ 三、认识庭院植物

1.一、二年生花卉

一、二年生花卉是指在 1、2 年内完成全部生命周期的花卉，从种子萌发、开花、结实到死亡在同一年内或跨年进行。此类花卉一般春天或秋天种子萌发，有些种类春、秋季皆可播种，春播花卉夏秋开花，冬天来临

时死亡，如百日草、一串红、凤仙花等。秋播花卉一般次年春季或夏季开花、结实，炎夏来临时死亡。

一、二年生花卉可购买种子栽培，体验花卉从播种到开花、结实的乐趣，也可购买成株花苗。

一、二年生花卉生命周期：

| 播种 | 发芽 | 幼苗生长 | 上盆或地栽 | 成熟 | 开花、结实 |

↑ 色彩缤纷的一、二年生花卉

2. 多年生花卉

多年生花卉是指个体寿命超过两年，可多次开花、结实的花卉，根据其地下形态特征又可分为宿根花卉和球根花卉。

（1）宿根花卉

宿根花卉指多年生花卉中地下根系正常的种类，地下部分可存活多年，但有些宿根花卉的地上部分每年冬季枯死，次年再萌发生长并开花结实，如芍药、荷包牡丹，此类可称为耐寒性宿根花卉。有些宿根花卉的地上部分可跨年常绿，如君子兰、鸢尾，此类可称为常绿性宿根花卉。

宿根花卉一般生长强健，适应性较强，大多数品种可粗放管理，一次种植可多年观赏。首次种植可购买花苗。

宿根花卉生命周期：

| 播种发芽 | 幼苗生长 | 开花、结实 | 地上部分枯萎（地下部分进入休眠状态）或常绿（生长稍停顿、休眠） | 芽萌发 |

⬆ 美丽的宿根花卉

（2）球根花卉

球根花卉指多年生花卉中地下器官变态肥大的种类。这类花卉地下部分可存活多年，大部分种类的地上部分每年夏季或冬季枯死，少数种类可常年呈常绿状态。

球根花卉生命周期：

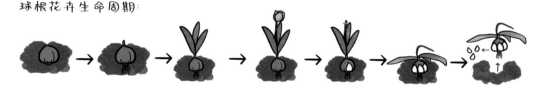

种植种球（春或秋）　萌发新叶　幼苗生长　开花　地上部分枯萎（地下部分进入休眠状态）或常绿（生长稍停顿）　起球阴干后储存或于土中控水保存　重新萌发

⬆ 花大色艳的球根花卉

🪏 **小贴士：**
购买种球注意事项

● 仔细检查，确保种球健康结实，拥有强壮的生长点，没有柔软或染病的部位，也没有被害虫损伤的迹象。

● 不同类型的球根在一年当中的出售时间有所不同，要在最新鲜的季节购买。

🪏 **小贴士：**
种植球根花卉

● 购买干燥的种球后应尽快种植，可以挖一个大种植穴，将数个球根种在其中。

● 深度应保证上部的土壤是球根本身厚度的 2～3 倍。

● 疏松土壤的种植比黏重土壤要深些，间距为 2～3 个球根宽。

● 保证球根顶端朝上，若不能确定顶端，可以侧着种植。

● 回填土壤，轻轻地夯实，避免球根周围形成气穴。

● 混种不同球根时，可以采用分层法，即将最大的种球放在底层，覆上一层土壤，再在其上放置稍小的种球。

3. 木本花卉

木本花卉是指具有木质的花卉，木质部发达、茎坚硬，寿命长，可多年开花结实，适应性强，易管理，分为乔木、灌木和藤本。

木本花卉生长周期：

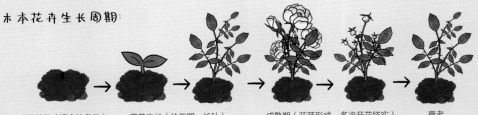

种子萌发（适合的条件）　　营养生长（幼年期、长叶）　　成熟期（花芽形成、多次开花结实）　　衰老

植物类型选择：

乔木	藤本

乔木

◆ **特点：**

◇ 乔木株型高大，可成为视线焦点，也可为庭院提供遮阴空间。

◇ 对于小庭院来说，乔木高度不宜超过6m，种植数量以1株为宜。

◇ 大型庭院的乔木选择很多，孤植或丛植均可。

◆ **种植位置：**

◇ 通常选择庭院边缘，这样可以留出中间区域种植喜光花卉，或作为家庭活动区域。

◇ 不宜种植于窗前，以免影响室内采光。

藤本

◆ **特点：**

◇ 具有攀援的特性，可以遮挡花园中不美观的景物，如墙壁、棚架等。

◇ 具有较好的观赏价值，能开出繁茂的花朵，增加垂直空间的色彩和质感。

◇ 景观效果持续长久、维护成本低，但有些生长较快，需要适当修整。

◇ 需要一定的支撑牵引向上生长，或者栽植于高处做成垂吊效果。

◆ **种植位置：**

◇ 自身缠绕支持物形成景观。

◇ 攀附藤架、柱子和墙面，形成立体绿化。

◇ 围栏、栅栏边种植，分隔空间。

◇ 棚架、廊道的美化，形成遮阴效果。

灌木

仙人掌和多浆类

◆ **特点：**

◇ 指没有明显主干，呈丛生状态，比较矮小的树木。

◇ 类型多样，可分为观花、观果、观枝干等类型。

◇ 有球形、卵形、垂枝形等多种形态，具有一定的体量，可以作为庭院的骨架。

◇ 具有各种观赏特性，如芳香味、彩叶色等，一次种植多年观赏，是低维护的植物类型。

◆ **种植位置：**

◇ 种植于围栏边，修剪成绿篱，有保护隐私的作用。

◇ 花、叶皆美的灌木，孤植或丛植可以形成视觉中心，也可盆栽。

◇ 用于基础种植，将房屋和花园联系在一起，形成建筑的硬质边缘与软景植物之间的过渡。

◆ **特点：**

◇ 种类繁多，茎叶具有发达的储水组织，呈肥厚多汁的形态。

◇ 怕水湿，注意排涝和防冻。

◇ 平时维护工作较少，是一类让人省心的植物，适于打造低维护庭院。

◆ **种植位置：**

◇ 可以露地栽植，大面积种植还可以形成一种独特的风格。

◇ 有些种类植株较小或呈柱状，可以种植在靠墙花池中，垂直线条能起到很好的填缝作用。

◇ 可盆栽于庭院，多雨季节移入室内。

四、养好庭院植物

1. 提供适宜的土壤

花卉种类繁多，生长习性各异，培养土应根据花卉生长习性、材料的性质来人工配制。

土壤类型

园土

◆ **特点：**

◇ 经过施肥耕作，肥力较高、团粒结构好的土壤，是配制培养土的主要原料。

蛭石

◆ **特点：**

◇ 用作土壤结构的改良剂，除提供自身所含的微量元素外，还能使肥料缓慢释放。

腐叶土

◆ **特点：**

◇ 分布广，采集方便，堆制简单，质轻、疏松，保水、保肥能力强且持久。

泥炭

◆ **特点：**

◇ 主要成分是有机物质，可有效增加土壤营养成分，改善板结、硬化等现象。

椰糠

◆ **特点：**

◇ 保水和透气性良好，能缓慢地自然分解，并改善和保持土壤结构。

河沙

◆ **特点：**

◇ 适合掺入重度黏性土壤改良透气、排水性能。

骨粉

◆ **特点：**

◇ 动物杂骨磨碎发酵而成的肥粉，含有大量的磷肥。

草木灰

◆ **特点：**

◇ 稻草和其他杂草烧成的灰，含丰富的钾肥。

成品培养土

◆ **特点：**

◇ 使用泥炭土、椰糠、蛭石等材料按比例调配，并加入适量有机肥料混合而成的培养土成品，直接用于大部分花卉的栽培。

2. 挑选喜欢的花卉

选购健康的花卉是庭院种花的第一步，建议到所在地的花卉市场去逛逛。春、秋季是适合购买种子、球根、盆栽花卉的季节。尤其是对于网购的花卉，炎热的夏季会增加运输过程中闷坏的风险。

网购的花卉经过长途包裹运输，需要缓一下再种植。缓苗期间，放在有散射光、通风较好的地方，盆表土见干就浇透水，盆底有水流出即可。缓苗期间不能施肥，会出现烧苗现象。

如果购买的是裸根苗，需要剪掉大部分枝叶、花苞，留下几片叶子进行光合作用，把更多营养集中到根系中，才能让植物生长好。

3. 及时补充养分

花卉在生长过程中需要适量地补充养分，主要的手段就是施肥。施肥应避开午后的高温时间，一般先松土，然后结合浇水进行。雨季一般不进行追肥，特别缺肥时也应掌握好浓度。

施肥方法

类别	方法	效果	注意事项	图示
基肥 （底肥）	播种或移植前结合土壤耕作施入，通常用农家肥或有机肥料做基肥	能改良土壤、培肥地力，创造良好土壤条件	可搭配草炭、珍珠岩、蛭石等防止肥效的损失	
种肥	播种或定植时施于种植点附近，或与种子混合施入土壤，以氮、磷肥为主	经济高效，满足幼苗所需养分	浓度不能过高，土壤肥力水平高时效果不明显	
土壤追肥	花卉生长期间的施肥，多用速效性氮肥，花期多追施磷肥、钾肥	保证和促进不同时期花卉的正常生长	不缺肥时不追肥，可与日常浇水结合	
叶面施肥 （根外施肥）	将肥料溶液喷洒在叶面，通过叶片吸收，也可直接注射到植株的茎部导管	用肥量小，见效快	宜选在晴天的早晨或傍晚施入，浓度过高容易灼伤叶片	

肥料种类

类型	成分	优点	缺点
有机肥（农家肥）	是天然有机物质经微生物分解或发酵而成的肥料	养分全，肥效长，改善土壤性质	含量低，发生肥效慢
无机肥（化肥）	是氮肥、磷肥、钾肥等单元素肥料或多种元素复合肥料	养分含量高，发生肥效快，施用方便	成分不全面，不持久
有机无机复合肥	将有机肥和一定比例的无机肥料混合制成的复合型肥料	集无机肥料的速效和有机肥料的缓效、长效于一体	成本较高

4. 病虫害防治

植物在栽培过程中难免会受到有害生物的侵染或不良环境条件的影响，从而发生病虫害。病虫害会干扰花卉的正常新陈代谢，并在外部形态上呈现反常的病变现象。病虫害防治应当坚持以预防为主，并因地、因时、因种类进行防治。

植物常见病虫害

叶斑病

◆ **病因症状：**

◇ 多由真菌、细菌、线虫等病原物侵染引起，营养缺乏或长期高温、高湿也可能是病因。病株叶片形成病斑，不断扩大，最终枯死。

◆ **防治措施：**

◇ 分析病因，选用杀菌药剂喷洒，补充缺乏肥料，保证花卉生存在通风、透光环境可以预防。

蚧壳虫

◆ **病因症状：**

◇ 蚧科昆虫，危害叶片、枝条和果实，造成叶黄、梢枯，且易诱发煤烟病等其他病症。

◆ **防治措施：**

◇ 加强管理，以增强花卉长势，提高抗虫能力，结合整形修剪并及时处理病枝、病叶。虫盛期时喷药较为有效。

根腐病

◆ **病因症状：**

◇ 由真菌、线虫、细菌引起的病害，被害花卉根部腐烂甚至坏死，病株枯死。

◆ **防治措施：**

◇ 种植前应当对土壤消毒，施放的有机肥要完全腐熟，雨季保证快速排干积水。

白粉虱

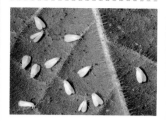

◆ **病因症状：**

◇ 粉虱科昆虫，吸食汁液引起叶片枯黄、萎蔫、生长衰弱，直至枯死。

◆ **防治措施：**

◇ 黄色粘虫板可诱杀成虫，发生初期及时用药以免危害扩大。

锈病

◆ **病因症状：**

◇ 由锈菌寄生引起的病害。受害部位产生疱点或肿瘤、丛枝、曲枝等症状，造成落叶、焦梢，甚至枯死。

◆ **防治措施：**

◇ 药剂防治是快速有效的办法。

蚜虫

◆ **病因症状：**

◇ 半翅目蚜总科昆虫，吸食花卉汁液造成植株受损，甚至死亡。

◆ **防治措施：**

◇ 及时剪除被害枝梢、残花，少量蚜虫可人工清除，量大时要及时喷施农药杀灭。

红蜘蛛

◆ **病因症状：**

◇ 叶螨科昆虫，吮吸汁液使叶片枯黄、脱落。

◆ **防治措施：**

◇ 易发生于高温、干旱环境，个别叶片受害时可及时摘除虫叶，较多时应及早喷药。

白粉病

◆ **病因症状：**

◇ 由白粉菌引起的病害。病株叶片背面形成霉斑，严重时布满叶背。

◆ **防治措施：**

◇ 用杀菌剂处理病株，加强肥水管理可以预防。

炭疽病

◆ **病因症状：**

◇ 由炭疽菌引起的斑点性病害。病株叶片多数形成圆形、褐色，有深色边缘的病斑。

◆ **防治措施：**

◇ 杀菌药剂防治效果较好，加强管理可减轻病害。

线虫

◆ **病因症状：**

◇ 由植物寄生线虫侵袭和寄生引起，通常使地下根部结瘤、短粗、丛生，甚至坏死。

◆ **防治措施：**

◇ 通过翻耕晒土方法消毒，若线虫严重可用杀线虫剂处理土壤。

5. 修剪与更新

（1）摘心

　　摘心又称为打顶，是在花卉生长期用手或剪刀除去嫩梢的生长点，促进多生侧枝，多形成花芽，使植株矮化、丰满、多开花。

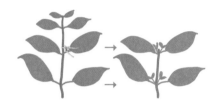

↑ 摘心促进植株饱满

（2）抹芽

　　修剪之后的萌芽区长出来的芽点太多，养分供应不足，要适当地抹除新芽，根据枝叶生长方向适当留芽，植株容易枝繁叶茂。

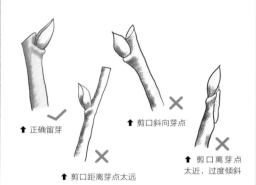

↑ 正确留芽　　↑ 剪口斜向芽点

↑ 剪口距离芽点太远

↑ 剪口离芽点太近，过度倾斜

（3）剪枝

　　为了调整树姿，利于通风透光，提高叶片光合效能，常将枯枝、病虫枝、纤细枝、平行枝、徒长枝、密生枝等剪除掉，即为疏枝。

　　短截指将枝条先端剪去一部分，可促使植株抽生新梢，增加分枝数目，保证树势健壮，常用于树木整形和树体局部更新复壮等。短截一般采取"强枝轻剪、弱枝重剪"的方法。

↑ 轻短截（轻剪）截去枝条全长 1/5 ~ 1/4

↑ 中短截（中剪）截去枝条全长 1/3 ~ 1/2

↑ 重短截（重剪）截去枝条全长 2/3 以上

（4）疏花、疏果

疏花、疏果是指在花卉的生长期将多余的花蕾和过多的果实去掉，利于集中养分，使花朵大而鲜艳，果实累累。

（5）修根

花卉在每年春、秋季换盆时，将老根、死根剔除，或疏掉一些须根，促进新根的发生。

（6）分株与移栽

分株在秋季或是初春时节芽刚萌动时为好，落叶灌木可于冬季休眠期进行，常绿灌木则可选在 3 月下旬或梅雨季进行分株。起苗前

要浇透水，之后根据分栽方式采用周边起苗或侧方起苗方式，或是全株起走，尽量多带宿土挖出根系，再种植到合适的位置。

（7）换盆

植株换盆的最佳时期在春季与秋季，一般选择在花卉的休眠期或生长初期进行。

换盆时要配制疏松、透气的土壤，根据根幅大小来选择花盆。换盆后一定要浇透水，在有充足散射光、阴凉通风处放置 10 天左右，避免阳光直射，直接地栽也需要浇透水，并适当遮阳。新换盆的植株不要施肥，要等半个月左右，根系长好了再开始施肥。

 # 五、园艺工具及装饰

工欲善其事，必先利其器。要想让庭院全年都保持最佳的状态，必然需要一套基本的常用工具与装备，而拥有一套较好的园艺工具也会使种植及养护的过程体验更加愉悦。

常用庭院工具

↑ 园艺手套

↑ 园艺剪

↑ 雨靴

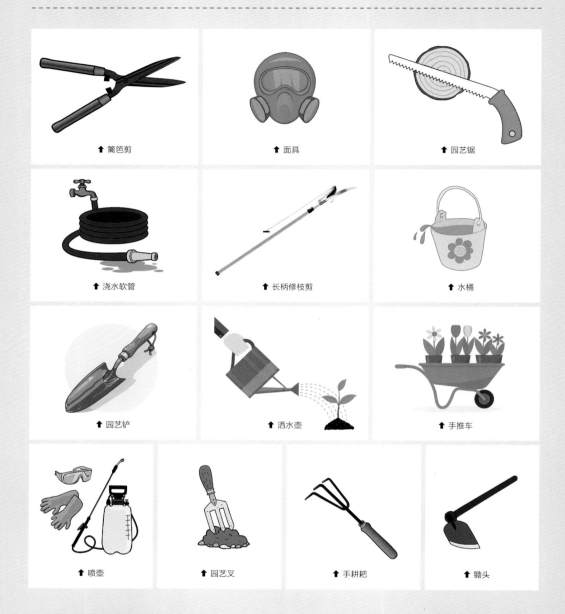

↑ 篱笆剪　　　　↑ 面具　　　　↑ 园艺锯

↑ 浇水软管　　　　↑ 长柄修枝剪　　　　↑ 水桶

↑ 园艺铲　　　　↑ 洒水壶　　　　↑ 手推车

↑ 喷壶　　　↑ 园艺叉　　　↑ 手耕耙　　　↑ 锄头

　　花园装饰通常是指供休息、遮蔽、隔离、烘托、照明等使用的小型设施，大多体量精巧，造型别致。其不仅能提供功能上的便利，还可以美化环境、丰富园趣，同时引领庭院风格取向，充当视觉焦点，对主题起到画龙点睛的作用。

　　装饰过程中应当遵循的原则有：饰品的主题、风格、色彩和质感等都必须与庭院整体相统一；结合庭院现场情况，谨慎选择饰品的形式、尺寸和摆放位置；饰品的材料和结构要易于维护，能适应庭院所在的特定环境。

常见庭院装饰物件

栅栏

◆ 功能和要求

◇ 起到分隔、导向的作用，围合小空间，防风、透气，还能让攀援植物倚靠生长。

◇ 合适的栅栏本身能为庭院增色不少。

◇ 除造型和颜色外，应当选择强度高、耐腐蚀、安装简便的类型。

◇ 有石材类、防腐木类、金属类、特殊材料等不同种类。

户外桌椅

◆ 功能和要求

◇ 选用专门的户外家具，材质有铸铝、铁艺、木材、藤编等。

◇ 因长期放置于户外，除外表美观和功能实用外，还必须拥有防水、防晒、防开裂等耐用特性。

◇ 本身的维护保养要省心省事。

墙饰

◆ 功能和要求

◇ 如原有外墙比较单调，那么墙面装饰可以有效提升景观效果。

◇ 类型多样，有传统花样和色彩的砖石墙面装饰、不锈钢制的金属挂件、稳定的防腐木爬藤网格挂架，也有别具创意的铁艺花篮等，应根据庭院风格自行选购安装。

DIY 装饰

◆ 功能和要求

◇ 多利用废旧物件，如不用的雨靴、废旧的桌椅、用过的花盆、破损的轮胎等，只要有足够的心思，都可以制成好看的花园装饰，丰富园趣。

◇ 让孩子参与进来，随意涂鸦，或者以主题画的形式彩绘出墙饰效果。

摆件

◆ 功能和要求

◇ 包括各类雕塑摆件、地面摆件、小品摆件等。

◇ 不同风格的摆件能够营造不同的景观效果，石材可以增加自然感，老石、碾石磨等老物件能唤起儿时记忆，流水摆件能加深庭院的意境等。

灯具

◆ 功能和要求

◇ 种类很多，有落地灯、壁灯、草坪灯、聚光灯等。

◇ 选用的灯具要满足基础照明需要，灯光效果要能够美化环境并调节气氛。

◇ 本身的造型要和庭院主题风格相匹配。

PART
2

白色花卉

配色小建议：

白色是最明亮的颜色，给人整洁而纯粹的感觉。在庭院中，白色能让其他色调充分展现自己的观赏价值，同时也能够在其他色彩中创造一个缓冲空间，起到过渡的作用。

方案 1：

● 白色与蓝色的搭配，象征着神秘与幻想。这种配色带有一丝东方色彩，犹如青花瓷一般，宁静素雅。

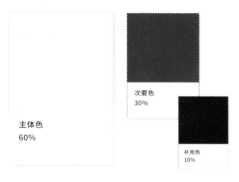

次要色
30%

主体色
60%

补充色
10%

方案 2：

● 白色与绿色的搭配蕴含生机，寓意着简单的生活中充满希望。红色的加入，在整体之间找到平衡。

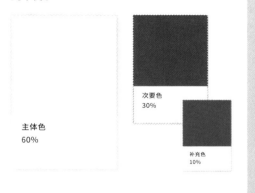

次要色
30%

主体色
60%

补充色
10%

方案 3：

● 白色与大地色的搭配，给人质朴、天然的印象，让人远离都市与嘈杂。黑色的加入，彰显了一种成熟与智慧，为整体的组合增添稳重感。

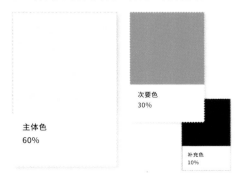

次要色
30%

主体色
60%

补充色
10%

方案 4：

● 以白色为主体，搭配其他浅色，给人唯美的感觉。这组配色是寂静而安宁的，是充满诗意的一种组合。

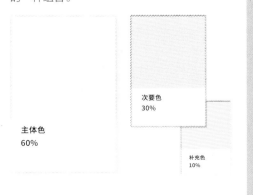

次要色
30%

主体色
60%

补充色
10%

大花栀子

Gardenia jasminoides 'Grandiflorum'

✽

喜悦
守候与坚持

【株高】0.3~2m
【生长类型】常绿花灌木

【花期】3—7月
【别名】牡丹栀子、荷花栀子

【科属】茜草科栀子属

【适应地区】中部及南部地区可种植，黄河流域以南地区露地越冬

【观赏效果】叶色亮绿，四季常青。花朵洁白美丽，开放时满园芳香，常作庭院美化种植，或作阳台绿化、盆栽。

市场价位：★★★☆☆	光照指数：★★★★☆	施肥指数：★★☆☆☆
栽培难度：★☆☆☆☆	浇水指数：★★★☆☆	病虫指数：★★★☆☆

全年花历

月份	1月	2月	3月	4月	5月	6月	7月	8月	9月	10月	11月	12月
生长期	🍃	🍃	❀	❀	❀	❀	❀	🍃	🍃	🍃	🍃	🍃
光照	☀	☀	☀	☀	☀	☀	●	●	☀	☀	☀	☀
浇水	💧	💧	💧	●	●	●	●	●	●	💧	💧	💧
施肥	✦	✦	✦	✦	✦	✦	✦	✦	✦	✦	✦	✦
病虫害					🐛	🐛	🐛	🐛				
繁殖			⚘	⚘								
修剪		✂	✂			✂❀	✂❀					

种植小贴士

1 在生长健壮的母株上剪取 1 ~ 2 年生枝条，于春季扦插，成活率较高。

2 喜肥水、光照，喜腐殖质丰富、疏松肥沃的酸性土壤。浇水时适当加入硫酸亚铁保持土壤酸性，施肥以"薄肥多施"为原则。

3 对湿度要求较大，可用清水喷洒叶面及附近地面，但开花期不要喷水于花朵，防止提早落花。

4 生长适温 18 ~ 28℃，夏季高温及通风不良时易生蚧壳虫、红蜘蛛和煤烟病。

5 春季剪去过长的徒长枝、弱枝和乱枝，栀子花为顶部着花，生长季节可适当进行顶部摘心，促进花枝生长，花后及时摘除残花。

多花耳药藤

Stephanotis floribunda

✳

清纯

【长度】约6m

【生长类型】常绿木质藤本

【花期】初春至秋季

【别名】马达加斯加茉莉、多花黑鳗藤、新娘花

【科属】夹竹桃科耳药藤属
【适应地区】5℃以下地区需室内越冬

【观赏效果】叶油亮有光泽，花朵洁白纯净，优雅芳香，果实形如芒果，集观花、观叶、观果于一身。欧美国家常用于新娘花饰，因此得名新娘花。

市场价位: ★ ★ ★ ★ ★　　光照指数: ★ ★ ★ ★ ☆　　施肥指数: ★ ★ ★ ☆ ☆
栽培难度: ★ ★ ☆ ☆ ☆　　浇水指数: ★ ★ ☆ ☆ ☆　　病虫指数: ★ ★ ☆ ☆ ☆

月份	1月	2月	3月	4月	5月	6月	7月	8月	9月	10月	11月	12月
全年花历												
生长期	🍃	🍃	🍃	✿	✿	✿	✿	✿	✿	✿	✿	🍃
光照	☀	☀	☀	☀	☀	☀	●	●	☀	☀	☀	☀
浇水	💧	💧	💧	💧	💧	💧	💧	💧	💧	💧	💧	💧
施肥	🧴	🧴	🧴	🧴	🧴	🧴	🧴	🧴	🧴	🧴	🧴	🧴
病虫害				🐞	🐞	🐞	🐞					
繁殖				🌱	🌱	🌱						
修剪		✂	✂🌀				✂	✂	✂	✂	✂	

🔨 种植小贴士

1 春季和夏初，用 10～15cm 长的枝条在疏松排水和干净的土壤中扦插，保持较高的空气湿度和温暖环境，避免温度太高，3～4 周后可见生根发芽。

2 生长旺盛期每隔 1～2 周施肥一次，注意不要用高氮肥，以免引起徒长不开花，开花前追一次磷钾肥。

3 选用疏松肥沃且排水良好的砂质壤土，并定期松土。

4 生长适温 10～25℃，喜光，高温阶段需适当遮阴，光温适宜可全年开花。对水分需求中等，浇水"见干见湿"，冬季可适当干燥。

5 定植时施足基肥，选择日照充足的地方，搭好棚架，上架后，多次摘心可促其多发侧枝。

6 注意修剪，植株不可过于茂密，保证通风。花后要及时修剪残花，避免结种子，以延长花期。

茉莉

Jasminum sambac

❀

【株高】1～1.5m
【生长类型】灌木

【花期】5—8月
【别名】香魂、莫利花

纯真
质朴　友谊

【科属】木犀科素馨属
【适应地区】10℃以下地区需室内越冬

【观赏效果】作为直立或攀援灌木，茉莉花叶色翠绿、花朵洁白，极为清雅，盛放之际有沁人心脾的花香味，素有"人间第一香"的美称。

| 市场价位: ★★☆☆☆ | 光照指数: ★★★★★ | 施肥指数: ★★★★☆ |
| 栽培难度: ★★★☆☆ | 浇水指数: ★★★☆☆ | 病虫指数: ★★☆☆☆ |

全年花历												
月份	1月	2月	3月	4月	5月	6月	7月	8月	9月	10月	11月	12月
生长期	🍃	🍃	🍃	🍃	✿	✿	✿	✿	🍃	🍃	🍃	🍃
光照	☀	☀	☀	☀	☀	☀	☀	☀	☀	☀	☀	☀
浇水	💧	💧	💧	💧	💧	💧	💧	💧	💧	💧	💧	💧
施肥			🫗	🫗	🫗	🫗	🫗	🫗	🫗	🫗		
病虫害		🪲	🪲	🪲	🪲	🪲	🪲	🪲	🪲			
繁殖				⚘	⚘	⚘	⚘	⚘	⚘			
修剪	✂			✂				✂	✂			

🛠 种植小贴士

1 扦插繁殖，于4—10月进行，宜选用疏松透气、排水良好的微酸性土壤。

2 薄肥勤施，可选择通用肥或缓释型复合肥，花苞孕育期施高磷钾肥促进花量，冬季停止施肥。

3 不耐积水，浇水遵循"见干见湿"的原则。夏季高温时每天早晚各浇水一次，并给枝叶适当喷水。

4 喜阳光充足，荫蔽则易徒长、叶片变薄、花少。喜高温，生长适温25～35℃，抗寒能力差，10℃以下停止生长，部分枝条可能冻死。

5 花谢后，连花摘去带叶嫩枝，可保留基部10～15cm，促使新枝再发，如新枝生长很旺，应在生长达10cm时摘心。

玉簪

Hosta plantaginea

❋

纯洁
恬静　脱俗

【株高】30～80cm
【生长类型】多年生草本

【花期】7—9月
【别名】白鹤花、玉泡花

【科属】百合科玉簪属
【适应地区】长江中下游地区可露地越冬

【观赏效果】叶片翠绿，花朵娟秀，花开时香气袭人，沁人心脾，为中国古典庭园的重要花卉之一，可多品种搭配形成阴生花境。

市场价位: ★★★☆☆	光照指数: ★★★☆☆	施肥指数: ★★★☆☆
栽培难度: ★★☆☆☆	浇水指数: ★★★☆☆	病虫指数: ★★☆☆☆

全年花历

月份	1月	2月	3月	4月	5月	6月	7月	8月	9月	10月	11月	12月
生长期	🍃	🍃	🍃	🍃	🍃	🍃	🌼	🌼	🌼	🍃	🍃	🍃
光照	◐	◐	◐	◐	☀	☀	☀	☀	◐	◐	◐	◐
浇水	💧	💧	💧	💧	💧	💧	💧	💧	💧	💧	💧	💧
施肥			◈	◈	◈	◈	◈	◈	◈	◈	◈	
病虫害				🐞	🐞	🐞	🐞					
繁殖		🪴	🪴	🪴					🪴	🪴		
修剪									✂	✂		

种植小贴士

可在春、秋季将根状茎分割成丛，每丛带2～3个芽眼进行分栽，新株当年可开花。

选用疏松肥沃、排水良好的砂质壤土，如用园土加河沙配土。

树荫

生长适温15～25℃。喜半阴，阳光直射生长不良,宜栽植于树荫下。

生长期间保持土壤湿润，但不宜浇水过多，以免根部腐烂。空气干燥时向叶面喷水，防止叶片干燥。

栽植前在植株旁施基肥，定期追肥，开花前增施1～2次磷钾肥。

及时修剪枯叶、黄叶。

圆锥绣球

Hydrangea paniculata

❀

希望
永恒　团聚

【株高】1～2m
【生长类型】落叶灌木

【花期】6—9月
【别名】水亚木、栎叶绣球

【科属】虎耳草科绣球属
【适应地区】大部分地区能露地越冬

【观赏效果】花序硕大美丽，盛夏开花，为炎炎夏日带来一抹清凉，具有极好的观赏效果，适合植于庭院观赏。

市场价位：★★★★☆　　光照指数：★★★★★　　施肥指数：★★☆☆☆

栽培难度：★☆☆☆☆　　浇水指数：★★☆☆☆　　病虫指数：★☆☆☆☆

全年花历

月份	1月	2月	3月	4月	5月	6月	7月	8月	9月	10月	11月	12月
生长期	🌿枝	🌿枝	芽	叶	叶	花	花	花	花	叶	叶	枝
光照	☀	☀	☀	☀	☀	☀	☀	☀	☀	☀	☀	☀
浇水	💧	💧	💧	💧	💧	💧	💧	💧	💧	💧	💧	💧
施肥			肥	肥	肥	肥	肥	肥	肥			
病虫害					虫	虫		虫	虫			
繁殖			繁	繁	繁							
修剪	✂	✂						✂	✂			

🔨 种植小贴士

喜疏松透气、保肥的弱酸性土壤，地栽时可用泥炭土、珍珠岩改善土质。

肉质根不耐积水，浇水"间干间湿"。

喜光，南方连续高温天气需适当遮阴。生长适温 20～28℃，地栽 -5℃ 也可越冬。花芽分化需 5～8 周，5℃ 低温诱导。

开春发芽后施生长通用肥，每 7～10 天一次，6月份可用磷钾含量较高的肥料进行催花，薄肥勤施。

成熟植株高大，可通过修剪控制株形，或根据庭院大小选择不同高度的品种。

新枝开花，冬季保留粗壮枝条，将其修剪到 20cm 左右高度或者留两三个芽点即可，剪掉细弱枝条、病枝。

PART
3

红色花卉

配色小建议：

红色是很有力量的颜色，也是象征吉祥的颜色，非常具有表现力，能吸引眼球，令人精神振奋。它能给庭院带来喜庆的氛围，搭上其他配色，可以呈现不同的氛围。

方案 1：

● 大红、明黄、浅蓝的搭配是清爽而明晰的，由于红色控制着整体的色调，对比的黄色显得鲜艳明亮，而少量蓝色的加入，将会增加空间的活跃感。

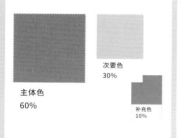

主体色
60%

次要色
30%

补充色
10%

方案 2：

● 为增添一些柔性，可以提高明度搭配粉色，这属于同色系搭配的方式，两个颜色明朗而清晰，能形成一种愉快的氛围。中间再加入少量深蓝来点缀，庭院闲适感速成。

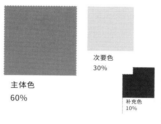

主体色
60%

次要色
30%

补充色
10%

方案 3：

● 红色与绿色为互补搭配，组成的视觉印象争奇斗艳，创意性十足。中间加入白色作协调，秩序感和节奏感扑面而来。

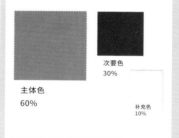

主体色
60%

次要色
30%

补充色
10%

方案 4：

● 深红具有稳重的印象，由于其与白色对比较大，显得暗沉，可以在中间点缀大地色提亮一下，增加层次感。

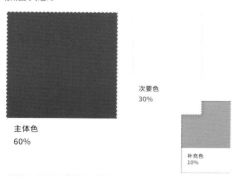

主体色
60%

次要色
30%

补充色
10%

方案 5：

● 深绿与深红的搭配，加强了古典的韵味。草绿色的点缀，增加了一些视觉层次感。

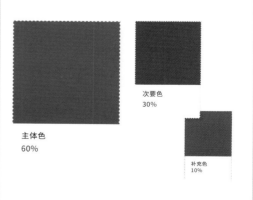

主体色
60%

次要色
30%

补充色
10%

杜鹃类

Rhododendron spp.

爱的快乐
忠诚

【花期】3—5月

【别名】杜鹃花、映山红

【株高】可达2m²，一般修剪控制高度

【生长类型】灌木

【科属】杜鹃花科杜鹃花属
【适应地区】南方地区可露地越冬

【观赏效果】品种繁多，分为"五大"品系，即春鹃品系、夏鹃品系、西鹃品系、东鹃品系和高山杜鹃品系。花色繁茂艳丽，具有观花、观叶的双重效果，有"花中西施"之美称。

市场价位：★★★☆☆ 　光照指数：★★★★☆ 　施肥指数：★★★☆☆
栽培难度：★★★☆☆ 　浇水指数：★★★☆☆ 　病虫指数：★★☆☆☆

全年花历												
月份	1月	2月	3月	4月	5月	6月	7月	8月	9月	10月	11月	12月
生长期	叶	叶	花	花	花	叶	叶	叶	叶	叶	叶	叶
光照	☀	☀	☀	☀	☀	☀	☀(强)	☀(强)	☀	☀	☀	☀
浇水	💧	💧	💧	💧	💧	💧	💧	💧	💧	💧	💧	💧
施肥	肥	肥	肥	肥	肥	肥	肥	肥	肥	肥	肥	肥
病虫害		虫	虫	虫	虫	虫	虫	虫	虫	虫		
繁殖					苗	苗				苗		
修剪						✂			✂		✂	

种植小贴士

1

选肥沃、排水良好的酸性土壤，土壤盐碱化会出现黄叶、不开花，浇水时可适当加入硫酸亚铁酸化土壤。

2

栽植时施基肥，生长期间可施加氮肥、尿素肥。花期前后需喷洒磷酸二氢钾溶液，入冬前在土壤中埋入适量氮肥、农家肥，使其顺利过冬。

3

用含盐量较低的水来浇灌，保持土壤微微湿润即可，夏季高温时增加浇水次数。当空气过于干燥时，可往叶片周围喷水。

4

怕热、怕寒，生长适温 12 ～ 25℃，喜光，耐半阴，夏季适当遮阴。

5

残花

及时摘除老叶、残花（不剪花枝，只是把枯的花取下来），减少养分消耗。

非洲凌霄
Podranea ricasoliana

❀

敬佩　慈母之爱

【株高】约1m

【生长类型】常绿半蔓性灌木

【花期】9月至翌年5月

【别名】紫云藤、紫芸藤

【科属】紫葳科非洲凌霄属

【适应地区】北方地区不能露地越冬

【观赏效果】枝条柔软，叶片翠绿而密集，每到开花时节，一串串粉红到紫红色的花朵随风摇曳，很是诱人。

市场价位：★★★★☆	光照指数：★★★★★	施肥指数：★★★☆☆
栽培难度：★★☆☆☆	浇水指数：★★★★☆	病虫指数：★☆☆☆☆

全年花历

月份	1月	2月	3月	4月	5月	6月	7月	8月	9月	10月	11月	12月
生长期	❀	❀	❀	❀	❀	🌱	🌱	🌱	❀	❀	❀	❀
光照	☀	☀	☀	☀	☀	☀	☀	☀	☀	☀	☀	☀
浇水	💧	💧	💧	💧	💧	💧	💧	💧	💧	💧	💧	💧
施肥	◆	◆	◆	◆	◆	◆	◆	◆	◆	◆	◆	◆
病虫害				🐞	🐞	🐞	🐞	🐞	🐞			
繁殖			🌰	🌰					⚘			
修剪			✋	✋	✂	✂	✂	✂				

⛏ 种植小贴士

1 扦插繁殖，于9月取两年生半木质化枝条插入土壤，"见干见湿"，15～20天可生根，30～40天后即可移栽。

2 喜阳光，耐热，亦耐半阴，但花量会减少。生长适温18～28℃，5℃以下或35℃以上生长受影响。

3 喜排水良好的壤土或沙壤土，喜湿润，土壤长期干旱会导致叶子发黄干枯。

4 春夏生长季节定期补充复合肥，促进枝叶生长，花前增施磷钾肥，促进开花，花期持续追肥。

5 攀附能力不强，可作为灌木种植，亦可于生长期保留二三根粗壮的主枝，打掉侧枝、侧芽，让主枝尽快长高并固定，长到足够高度让其自然分枝，可装饰廊架。除日常疏剪外，花谢后或早春新芽未发之前进行适当修剪造型。新芽易遭蚜虫。

鸡冠花

Celosia cristata

❀

真爱永恒

【株高】30 ～ 80cm
【生长类型】一年生草本

【花期】7—10月
【别名】鸡髻花、老来红

【科属】苋科青葙属
【适应地区】南北各地均有栽培，广布于温暖地区

【观赏效果】夏秋之际，盛开的鸡冠花花团锦簇，有火红，也有白、乳黄、橙红、玫瑰色至暗紫色以及复色品种。

市场价位: ★ ★ ☆ ☆ ☆　　光照指数: ★ ★ ★ ★ ★　　施肥指数: ★ ★ ★ ☆ ☆

栽培难度: ★ ☆ ☆ ☆ ☆　　浇水指数: ★ ★ ☆ ☆ ☆　　病虫指数: ★ ★ ☆ ☆ ☆

全年花历

月份	1月	2月	3月	4月	5月	6月	7月	8月	9月	10月	11月	12月
生长期				🌱	🌿	🌿	❀	❀	❀	❀		
光照				☀	☀	☀	☀	☀	☀	☀		
浇水				💧	💧	💧	💧	💧	💧	💧		
施肥				🥫	🥫	🥫	🥫	🥫	🥫	🥫		
病虫害				🐞	🐞	🐞	🐞	🐞	🐞	🐞		
繁殖				🌰	🌰	🌰						
修剪					✂	✂				✋		

🛠 种植小贴士

1

通常于4—5月播于露地，15～20℃时15天出苗，4个月左右可开花。

2

喜温暖气候，生长适温22～33℃。对土壤要求不高，以高燥、排水良好的夹砂土栽培为好。

3

喜空气干燥，忌水涝，尽量不要让下部的叶片沾上污泥。生长期浇水不宜过多，花后控制浇水，干旱时适当浇水，阴雨天及时排水。

4

摘除腋芽

苗期可摘除腋芽促使主芽健壮。

5

稀薄液肥

除充足基肥外，等到"鸡冠"形成后，隔10天追施一次稀薄液肥。

6

病虫害较少，苗期易发生立枯病，生长期有蚜虫，注意防治。

姜荷花
Curcuma alismatifolia

❋

高洁 优雅 端庄

【株高】50～60cm

【生长类型】球根花卉

【花期】6—10月

【别名】洋荷花、热带郁金香

【科属】姜科姜黄属

【适应地区】5℃以上可露地过冬，长江以北地区室内栽培

【观赏效果】花序亭亭玉立，花清新典雅，状似荷花，因其为姜科植物，故称姜荷花，花朵形似郁金香，也被称为"热带郁金香"。花期可剪枝插花。

市场价位：★★★★☆　　光照指数：★★★★★　　施肥指数：★★★★☆

栽培难度：★★★☆☆　　浇水指数：★★★★☆　　病虫指数：★★☆☆☆

全年花历

月份	1月	2月	3月	4月	5月	6月	7月	8月	9月	10月	11月	12月
生长期	▨	▨	▨	🌱	🌱	❀	❀	❀	❀	❀	▨	▨
光照			☀	☀	☀	☀	☀	☀	☀	☀		
浇水				💧	💧	💧	💧	💧	💧	💧		
施肥		🧴	🧴	🧴	🧴	🧴	🧴	🧴	🧴	🧴		
病虫害				🐞	🐞	🐞	🐞	🐞	🐞	🐞		
繁殖	🌷	🌷	🌷									
修剪								✂	✂	✂	✂	

🔨 种植小贴士

1

春季选择直径 1.5cm 以上带 3 个以上贮藏根的种球，使用疏松透气、肥沃的土壤，施足基肥，在温暖且采光良好的区域将种球种到土壤以下 10cm 位置，可稍密植，浇透水，随后"见干见湿"，约 10~20 天会长出根系，发出新芽。

2

生长适温 20 ~ 35℃，保持温暖湿润、充足光照的环境，植株就长得矮壮，荫蔽易徒长、染病。浇水"见干见湿"，切忌高频率浇水，积水易烂根。

3

肥料需求量高，基肥要足，生长期每 20 天追肥一次，花期前施磷钾肥。

4

花败后整枝剪去残花，剪完后及时补充磷钾肥。

5

休眠期剪掉残花梗，南方可露地过冬，保证土壤稍微湿润即可，北方需要把种球挖出放在阴凉干燥处，明年继续种植。

韭兰

Zephyranthes carinata

❋

勇对挫折与困难

【株高】20～30cm
【生长类型】球根花卉

【花期】6—10月
【别名】韭莲、红花葱兰、风雨花

【科属】石蒜科葱莲属
【适应地区】南方地区可室外越冬，北方需盆栽或保存球根

【观赏效果】叶形似韭，清秀碧绿，亭亭玉立。花期很长，花有玫红色或粉红色，总是在风雨来临之前生长旺盛、群花勃发，观赏性很强。

市场价位：★☆☆☆☆　　光照指数：★★★★☆　　施肥指数：★★☆☆☆
栽培难度：★☆☆☆☆　　浇水指数：★★★☆☆　　病虫指数：★☆☆☆☆

全年花历

月份	1月	2月	3月	4月	5月	6月	7月	8月	9月	10月	11月	12月
生长期	🌱	🌱	🌱	🌿	🌿	🌸	🌸	🌸	🌸	🌸	🍒	🌱
光照			☀	☀	☀	☀	☀	☀	☀	☀	☀	
浇水			💧	💧	💧	💧	💧	💧	💧	💧	💧	
施肥		🧺	🧺	🧺	🧺	🧺	🧺	🧺	🧺	🧺	🧺	
病虫害			🐞	🐞	🐞	🐞	🐞	🐞	🐞	🐞		
繁殖			🌷						🌷			
修剪								✂🌻	✂🌻	✂🌻	✂	

🪏 种植小贴士

1

选择疏松肥沃、通透性强、湿润的砂质土壤种植种球，将种球全部埋入土中，种植间距2～3cm，种后浇透水，发芽前微干可以浇，发芽后干透浇透，避免积水。如果温度不够，处于休眠状态不发芽，可少浇或不浇水。

2

喜光照充足，稍耐阴，不耐寒，生长适温16～28℃。寒冷地区休眠后需挖出种球保存于通风阴凉之处。

3

喜湿润，怕积水，稍耐旱。春秋季2～4天浇透一次，夏季每天一次，冬季低温要控水。

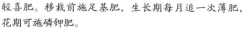

4

较喜肥。移栽前施足基肥，生长期每月追一次薄肥，花期可施磷钾肥。

5

虫害少，要预防炭疽病危害。

飘香藤

Mandevilla laxa

＊

偶然的相遇
幸福就在身边

【长度】5～10m

【生长类型】常绿藤本

【花期】4—10月

【别名】双腺藤、红文藤、文藤

【科属】夹竹桃科飘香藤属

【适应地区】各地普遍栽培，北方地区室内窗前过冬

【观赏效果】缠绕茎柔软而有韧性，花大而直挺，呈现花多于叶的盛况，清香沁人心脾，因而得名"飘香藤"。

市场价位: ★★★★☆	光照指数: ★★★★★	施肥指数: ★★☆☆☆
栽培难度: ★★☆☆☆	浇水指数: ★★☆☆☆	病虫指数: ★☆☆☆☆

月份	1月	2月	3月	4月	5月	6月	7月	8月	9月	10月	11月	12月
生长期	🌱	🌱	🌱	❀	❀	❀	❀	❀	❀	❀	🌱	🌱
光照	☀	☀	☀	☀	☀	☀	☀	☀	☀	☀	☀	☀
浇水	💧	💧	💧	💧	💧	💧	💧	💧	💧	💧	💧	💧
施肥	◇	◇	◇	◇	◇	◇	◇	◇	◇	◇	◇	◇
病虫害				🐞	🐞	🐞	🐞	🐞	🐞	🐞		
繁殖			🌰	🌰	🌰				🌰	🌰	🌰	
修剪			✂			✂	✂	✂	✂	✂	✋	

种植小贴士

1

春、秋季播种或扦插繁殖，冬季温暖地区可地栽，常低于0℃的地区宜盆栽，栽植于围栏、爬藤网、墙边等。

2

喜温、怕寒、怕热，生长适温20～30℃。应全天接受阳光照射，但夏季要适当遮阴保护。

3
忌积水烂根，叶片沾水易出现叶斑甚至腐烂。宜盆栽，用浸盆法或沿花盆四壁浇水，盆土干到一半后浇透即可。地栽时要注意根部排水通畅。

浸盆法

4

磷钾肥
喜肥，要求土壤疏松肥沃、透水透气性好。移栽前施足基肥，2周追肥一次，生长期用均衡肥料，花期用磷钾含量高的肥料。

5
摘心
修剪整形

苗高10cm后摘心2～3次形成满意株形，早春疏枝，花谢后剪除已谢花朵，秋后全面修剪整形。

6
病虫害少，水肥环境合适、修剪打顶合理情况下四季均可开花。

格桑花

Cosmos bipinnatus

✳

高洁 自由 爽朗
坚强 清净
永远快乐

【株高】1～2m
【生长类型】一年生或多年生草本

【花期】6—8月
【别名】秋英、波斯菊、大波斯菊

【科属】菊科秋英属
【适应地区】各地庭园常见栽培

【观赏效果】株形高大，叶形雅致，花色丰富，有粉、白、深红等色，颇有野趣。

市场价位：★☆☆☆☆   光照指数：★★★★★   施肥指数：★☆☆☆☆

栽培难度：★☆☆☆☆   浇水指数：★★☆☆☆   病虫指数：★★☆☆☆

月份	1月	2月	3月	4月	5月	6月	7月	8月	9月	10月	11月	12月
全年花历												
生长期			🌱	🌱	🌱	❀	❀	❀	🍒	🍒		
光照			☀	☀	☀	☀	☀	☀	☀	☀		
浇水			💧	💧	💧	💧	💧	💧	💧	💧		
施肥			🧂									
病虫害				🐞	🐞	🐞	🐞	🐞	🐞	🐞		
繁殖			🌰	🌰	🌰							
修剪				✋	✋	✂	✂	✂	✂	🤏		

🔱 种植小贴士

1　播种繁殖为主，北方春播，南方四季可播，可露地直播，发芽适温 18 ～ 25℃。播前松土并施适量腐熟有机肥，将种子均匀撒播后覆薄土，播后约 6 天发芽，约 10 ～ 11 周开花。

2　耐贫瘠土壤，忌肥。若有足够基肥则生长期不能追肥，否则枝叶易徒长，开花减少。若土壤贫瘠，可 15 天追施一次薄肥液。

3　生长迅速，可多次摘心，以增加分枝。植株高大者应设置支柱防倒伏，多通过数次摘除新生顶芽矮化植株，增加分枝和花数。

摘除顶芽

4　生长适温 10 ～ 25℃。需充足阳光，光照不足易徒长倒伏。

5　耐干旱，忌炎热，忌积水，土壤干透后浇水。常有叶斑病、白粉病、红蜘蛛等危害。

山茶

Camellia japonica

❀

可爱　谦逊　谨慎
理想的爱　魅力　美德

【株高】1～6m
【生长类型】灌木或小乔木

【花期】12月至翌年3月
【别名】洋茶、茶花、晚山茶、野山茶

【科属】山茶科山茶属
【适应地区】各地广泛栽培，北方宜在室内越冬

【观赏效果】为中国传统园林花木，枝繁叶茂，叶色翠绿，四季常青。花大而艳丽，开于万花凋谢之时，尤为难得。

市场价位：★★★★☆　　光照指数：★★★☆☆　　施肥指数：★★★☆☆
栽培难度：★★★★☆　　浇水指数：★★★☆☆　　病虫指数：★★★☆☆

月份	1月	2月	3月	4月	5月	6月	7月	8月	9月	10月	11月	12月
全年花历												
生长期	❀	❀	❀	🍃	🍃	🍃	🍃	🍃	🍃	🍃	🍃	❀
光照	◑	◑	◑	☀	◑	☀	☀	●	◑	☀	◑	◑
浇水	💧	💧	💧	💧	💧	💧	💧	💧	💧	💧	💧	💧
施肥	🔼	🔼	🔼	🔼	🔼	🔼	🔼	🔼	🔼	🔼	🔼	🔼
病虫害	🐞	🐞	🐞			🐞	🐞	🐞	🐞	🐞	🐞	🐞
繁殖			⚑	⚑	⚑				⚑	⚑	⚑	
修剪				✂					✂			

🏵 种植小贴士

1
选购健壮植株，宜选酸性至微酸性沙壤土种植，栽前施足基肥。茎枝再生能力强，也可扦插、嫁接繁殖。

2
半阴性植物，怕高温，夏季注意遮阴，其他季节要光照充足才利于开花。10～35℃都能正常生长。

3
喜湿润，忌积水，春、夏季适当多浇，秋、冬季可减量。浇水时可往其中加几滴醋，防止长期浇自来水导致土壤碱化。

4
喜肥，基肥要足，入夏每2周施肥一次，现蕾至花期可增施磷钾肥。

磷钾肥

5
适当剪去病弱枝和过密枝，不宜重剪。孕蕾时适当疏蕾，仅留1～2个，并及时摘去接近凋谢的花朵。

山桃草

Oenothera lindheimeri

✽

仙人指路

【株高】0.3～1m
【生长类型】宿根花卉

【花期】5—8月
【别名】白蝶花、白桃花、紫叶千鸟花

【科属】柳叶菜科山桃草属
【适应地区】北方地区需覆盖保护越冬

【观赏效果】植株婀娜轻盈，花朵繁茂，全白色至深粉红色。在长长的花茎上，花儿像一只只飞鸟一样，适于庭院地栽做中景植物，也可做切花素材。

市场价位: ★★☆☆☆	光照指数: ★★★★☆	施肥指数: ★★☆☆☆
栽培难度: ★★☆☆☆	浇水指数: ★☆☆☆☆	病虫指数: ★☆☆☆☆

全年花历												
月份	1月	2月	3月	4月	5月	6月	7月	8月	9月	10月	11月	12月
生长期	🌱	🌱	🌱	🌱	✿	✿	✿	✿	🍒	🌱	🌱	🌱
光照	☀	☀	☀	☀	☀	☀	☀	☀	☀	☀	☀	☀
浇水	💧	💧	💧	💧	💧	💧	💧	💧	💧	💧	💧	💧
施肥		🧴	🧴	🧴	🧴	🧴			🧴	🧴	🧴	
病虫害		🪲	🪲	🪲	🪲	🪲	🪲	🪲	🪲	🪲		
繁殖		🌰	🌰					🌰	🌰			
修剪			✋				✂	✂	✂			

🛎 种植小贴士

1 可购买盆栽或种子种植，以疏松肥沃、排水良好的砂质壤土为宜。发芽适温15～20℃，春、秋季均可播，需低温春化才能正常发芽。南方地区可将种子撒在育苗盆里，喷水盖保鲜膜后放入冰箱保鲜2～3周后播种。

2 摘心
春季株高15cm左右时可摘心，使株形紧凑，防倒伏。

3 较耐寒，生长适温15～25℃。喜光照充足、凉爽湿润的生长环境，注意保持通风。

4 耐干旱，不耐涝，一般等土壤干后浇透即可，避免积水。

5 有机肥
耐贫瘠，春夏生长季节偶尔补充一些有机肥，秋冬每季只需施薄薄一层即可。

6 花后及时剪掉残花花梗，花期过后也需适当修剪。病虫害较少。

天蓝绣球

Phlox paniculata

❋

大方　可爱

【科属】花葱科福禄考属
【适应地区】东北地区不能露天越冬

【株高】约1m
【生长类型】多年生草本

【花期】6～9月
【别名】锥花福禄考、宿根福禄考

【观赏效果】花多，色彩艳丽，花色丰富，密集如绣球一般，景色壮观，具有理想的观赏效果。种一次，年年开花一片，可用于花坛、花境，也可盆栽或做切花欣赏。

市场价位: ★ ★ ☆ ☆ ☆　　光照指数: ★ ★ ★ ★ ☆　　施肥指数: ★ ★ ★ ☆ ☆
栽培难度: ★ ★ ☆ ☆ ☆　　浇水指数: ★ ★ ★ ☆ ☆　　病虫指数: ★ ★ ☆ ☆ ☆

月份	1月	2月	3月	4月	5月	6月	7月	8月	9月	10月	11月	12月
全年花历												
生长期	🌱	🌱	🌱	🌱	🌱	❀	❀	❀	❀	🌱	🌱	🌱
光照	☀	☀	☀	☀	☀	☀	●	●	☀	☀	☀	☀
浇水	💧	💧	💧	💧	💧	💧	💧	💧	💧	💧	💧	💧
施肥			▲	▲	▲	▲	▲	▲	▲	▲	▲	
病虫害			🪲	🪲	🪲	🪲	🪲	🪲	🪲	🪲	🪲	
繁殖			🪴	🌱	🌱					🪴	🪴	
修剪			✂	✂	✂		✂	✂	✂	✂		

种植小贴士

1　地栽每 3 ～ 5 年可分株一次（用利刀直接在原地分割，根据宿根大小切块，然后铲走移植的块，余一块留在原地），原地分株对根系损伤较少。

2　不耐热，较耐寒，生长适温 15 ～ 26℃。生长期需阳光充足，耐半阴，夏季适当遮阴。

3　宜在疏松肥沃、排水良好的中性或碱性沙壤土中生长。除基肥外，可隔 10 天追施一次稀薄液体肥料。

4　喜湿润，不耐旱，忌积水，雨水季节注意排水。地栽选择背风向阳且地势略高的土地。

5　春季新梢萌发后，保留健壮枝条并适当短截，其余枝条全部剪去。盛花期后，可将枝条剪到芽点饱满处，追肥促使萌发新枝，可二次开花。秋季花谢后剪去开花枝（茎秆底部）。

网球花

Scadoxus multiflorus

❀

野性的热爱

【株高】80～90cm
【生长类型】球根花卉

【花期】6—9月
【别名】网球石蒜、绣球百合

【科属】石蒜科网球花属
【适应地区】长江流域及以北地区不能露地越冬

【观赏效果】花茎上密密麻麻地生长着近百朵小花，就像是一个圆圆的可爱大火球，丛植成片布置，花期景观别具一格，具有很高的观赏价值。

市场价位：★★☆☆☆　　光照指数：★★★☆☆　　施肥指数：★★☆☆☆

栽培难度：★★☆☆☆　　浇水指数：★★☆☆☆　　病虫指数：★☆☆☆☆

全年花历

月份	1月	2月	3月	4月	5月	6月	7月	8月	9月	10月	11月	12月
生长期	●	●	●	●	●	●	●	●	●	●	●	●
光照			◐	◐	◐	◐	☀	☀	☀	☀	☀	
浇水			●	●	●	●	●	●	●	●	●	
施肥			●	●	●	●	●	●	●	●	●	
病虫害			●	●	●	●	●	●	●	●		
繁殖			●	●					●	●		
修剪									●	●	●	

🔨 种植小贴士

1 以分球繁殖为主。春季换盆时将母球周围小子球掰离分栽，2～3年进行一次。也可随采随播，播后约15天发芽，通常需4～5年才开花。

2 喜半阴环境，夏季置荫棚下避免直射光，冬季休眠期不需要阳光。

3 较耐旱，浇水要"见干见湿"，以偏干为好，休眠期不浇水。

稀薄水肥

4 喜疏松肥沃、排水良好的沙壤土，鳞茎萌芽出土后追肥，生长季每2周施一次稀薄水肥。

5 喜温暖，生长适温20～30℃，冬季鳞茎进入休眠期，5℃以上越冬，温度较低区域需挖出鳞茎贮藏于室内。

6 冬季地面叶片枯萎后剪除，盆栽每年需更换盆土，可单独换盆，也可结合着分株繁殖一同进行。生长期过湿易发线虫危害。

剪枯叶

紫薇

Lagerstroemia indica

沉迷的爱
好运

【株高】约4m

【生长类型】落叶灌木或小乔木

【花期】6—9月

【别名】百日红、痒痒树、满堂红

【科属】千屈菜科紫薇属
【适应地区】河北、山东及以南地区均可栽培

【观赏效果】树姿优美，树干洁净光滑，花色艳丽，开花时正当夏秋少花季节，花期长，故有"百日红"之称，是优秀的观花乔木，常栽植于庭院。

市场价位：★★★☆☆　　光照指数：★★★★★　　施肥指数：★★☆☆☆

栽培难度：★★★☆☆　　浇水指数：★★☆☆☆　　病虫指数：★★★☆☆

月份	1月	2月	3月	4月	5月	6月	7月	8月	9月	10月	11月	12月
生长期	✓	✓	✓	✓	✓	✓	✓	✓	✓	✓	✓	✓
光照	✓	✓	✓	✓	✓	✓	✓	✓	✓	✓	✓	✓
浇水	✓	✓	✓	✓	✓	✓	✓	✓	✓	✓	✓	✓
施肥		✓	✓	✓	✓	✓	✓	✓	✓	✓	✓	
病虫害			✓	✓	✓	✓	✓	✓	✓	✓		
繁殖			✓				✓	✓				
修剪	✓	✓				✓	✓	✓	✓	✓	✓	

全年花历

种植小贴士

 喜温暖，不耐寒，生长适温 15～30℃，冬季落叶，宜栽于阳光充足的位置。

1

2 较耐旱，花期根据"不干不浇，浇则浇透"的原则保持土壤湿润，秋末到翌年春初则要控制水量保持土壤干燥。

3 喜肥沃、湿润的土壤，但钙质土或酸性土也生长良好。要保证基肥充足，早春施腐熟有机肥或磷钾肥，春夏追氮肥，秋季少施，冬季不施。

4 生枝能力强，要及时剪掉徒长枝、病害枝、堆叠枝、穿插枝以及残花枝。花芽当年形成，忌对春季萌发的新枝进行短截，否则易造成只长枝不开花的现象。

紫叶酢浆草

Oxalis triangularis 'Urpurea'

✳

幸运

【株高】15~30cm

【生长类型】多年生草本

【花期】5—11月

【别名】红叶酢浆草、三角酢浆草

【科属】酢浆草科酢浆草属

【适应地区】北方地区冬季移至室内

【观赏效果】植株矮小，叶形奇特，叶色美丽，粉色小花繁密，成片种植可形成美丽的紫色色块，小片种植也可以丰富庭院色彩，为不可多得的色叶植物。

市场价位: ★★☆☆☆	光照指数: ★★★☆☆	施肥指数: ★★☆☆☆
栽培难度: ★★☆☆☆	浇水指数: ★★☆☆☆	病虫指数: ★★★☆☆

全年花历

月份	1月	2月	3月	4月	5月	6月	7月	8月	9月	10月	11月	12月
生长期	🍃	🍃	🍃	🍃	❀	❀	❀	❀	❀	❀	❀	🍃
光照	☀	☀	◐	☀	◐	◐	☀	☀	◐	◐	◐	☀
浇水	💧	💧	💧	💧	💧	💧	💧	💧	💧	💧	💧	💧
施肥			🧴	🧴	🧴	🧴			🧴	🧴	🧴	
病虫害			🐞	🐞	🐞	🐞	🐞	🐞	🐞	🐞		
繁殖			🌱/🌰	🌱/🌰	🌱/🌰							
修剪			✂				✂				✂	

🔰 种植小贴士

1

分株以春季为佳，掘起球茎后掰开分植，也可将球茎切成3个以上有芽眼的小块，放苗盘中培育，待生根展叶后移植栽培。

2

生长适温 16～30℃。不耐寒，低于10℃植株停止生长，超过35℃会进入休眠期。

3

春、秋季需充足阳光照射，夏季要适当遮阴。

4

生长期以"不干不浇，浇则浇透"的原则保持土壤湿润，冬季宁干勿湿，防止球茎腐烂。

复合肥

5

施足底肥，生长季每月施复合肥即可。夏季温度过高及冬季时停止施肥。不能施单一氮肥，否则叶片会由紫返青。

6

长势过旺时摘除较密的叶片，日常养护要摘除黄叶，可通过重剪叶片修整株型。

7

主要有根腐病、叶斑病、蚜虫、红蜘蛛和蜗牛等病虫害，保持通风透光可以防治。

PART
4

黄色、橙色花卉

配色小建议：

黄色跟红色一样，能给人一定的视觉刺激，但与红色营造的热烈程度不同，黄色会带来更多的愉悦感，是快乐与幸福之色。

橙色由红色与黄色组成，也是能量之色。以橙色系为主体打造的庭院，能散发出温暖与热烈的氛围。

方案 1：

● 黄色与蓝色的搭配，体现一种自然的都市印象，在绿色植物的衬托下，能带来一种健康而新鲜的感觉。

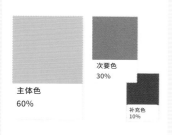

方案 2：

● 黄色与红色的搭配是中国人喜好的一组配色，呈现活跃且喜庆的氛围，给人朝气蓬勃、能量满满的印象。

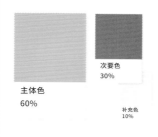

方案 3：

● 暗黄与浅黄色相间，在统一中寻求变化，这是属于同色系的一组搭配，清新而明快。绿色的植物补充活跃氛围。

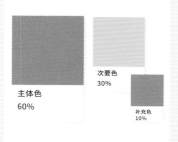

方案 4：

● 橙色与玫红色的搭配显得既统一又有变化，给人华丽的渐变感，能给院子营造出一种活力四射、充满阳光的感觉。

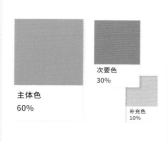

方案 5：

● 橙色是艳丽的，蓝色也很醒目，两者在视觉表达上会相互争宠，加入一抹中性的绿色，算是为这种配色降温。

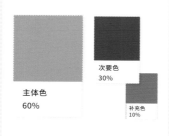

方案 6：

● 橙色与黄色是邻居，搭配在一起不会突兀，当然也不会单调。以自然的大地色作为补充，可以增添温馨氛围。

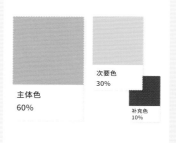

半边黄

Crossandra infundibuliformis

❀

平衡 方向

【株高】15～60cm

【生长类型】灌木状多年生草本

【花期】3—11月

【别名】鸟尾花、十字爵床

【科属】爵床科十字爵床属

【适应地区】华南地区可露地越冬

【观赏效果】花色鲜艳，给人以热情洋溢的美感，花瓣形如小鸟的尾巴俏皮可爱，故有"鸟尾花"的别称。

市场价位：★★★☆☆　　光照指数：★★★★☆　　施肥指数：★★★☆☆

栽培难度：★★☆☆☆　　浇水指数：★★★☆☆　　病虫指数：★☆☆☆☆

月份	1月	2月	3月	4月	5月	6月	7月	8月	9月	10月	11月	12月
全年花历												
生长期	🍃	🍃	🌸	🌸	🌸	🌸	🌸	🌸	🌸	🌸	🌸	🍃
光照	☀	☀	☀	☀	☀	☀	●(强)	●(强)	☀	☀	☀	☀
浇水	💧	💧	💧	💧	💧	💧	💧	💧	💧	💧	💧	💧
施肥	◇	◇	◇	◇	◇	◇	◇	◇	◇	◇	◇	◇
病虫害			🐞	🐞			🐞	🐞				
繁殖			⚘	⚘	⚘	⚘						
修剪			✂			✂	✂	✂	✂	✂	✂	

✂ 种植小贴士

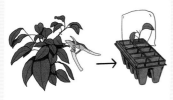

1 购买盆栽种植或扦插繁殖。春至初夏，剪茎顶 5～7cm 的枝条，扦插后用塑料袋罩上，4～6 周可生根，新叶长出后可移栽定植。

2 园土、腐叶土按 2：3 混合，加入骨粉或过磷酸钙粉作基肥，土壤 pH 值在 6.2～7.0 为宜。

3 生长适温 18～28℃，喜光，光照不足易徒长或花量少，夏季强阳光下则需遮阴。

4 生长期薄肥勤施，入秋后可追施 2 次磷钾肥。

磷钾肥

5 浇水"见干见湿"，需较高的环境湿度，花期需水量较大，夏季可往叶片喷水保湿。

剪去残花

6 早春修剪老枝、残枝，疏剪上半部分枝条，花败后连穗剪去残花。

黑心菊
Rudbeckia hirta

✱

公平正义

【株高】60～100cm
【生长类型】宿根草本

【花期】5—11月
【别名】黑眼菊、黑心金光菊

【科属】菊科金光菊属
【适应地区】华中地区可秋播并露地越冬

【观赏效果】色彩艳丽，盛花期花量大，给人繁花似锦的观感，花期长，是花坛、花境的良好花材，适合在庭院布置。

市场价位：★★★☆☆ | 光照指数：★★★★☆ | 施肥指数：★★★☆☆
栽培难度：★☆☆☆☆ | 浇水指数：★★★☆☆ | 病虫指数：★☆☆☆☆

月份	1月	2月	3月	4月	5月	6月	7月	8月	9月	10月	11月	12月
生长期												
光照												
浇水												
施肥												
病虫害												
繁殖												
修剪												

全年花历

种植小贴士

1
春或秋播，选用肥沃、排水良好的砂质土壤，长出 4～5 片叶子时移植，栽种前适量施加基肥。

2
"见干见湿"，生长期多补水，孕蕾期让土壤处于湿润状态，开花后要控水。

3
生长适温 10～30℃，喜光，夏季强光时适当遮阴。

4
生长期施加氮磷钾肥料，花期多施磷钾肥，冬季停止施肥。

5
花期需勤修剪，减少养分消耗。植株花败后轻剪，促进新枝萌发和二次开花。

6
多年生植株要强迫分株，否则长势会减弱，影响开花。

向日葵
Helianthus annuus
❋

信念　光辉
高傲　忠诚

【株高】1~3.5m
【生长类型】一年生草本

【花期】7—10月
【别名】向阳花、望日葵

【科属】菊科向日葵属
【适应地区】全国大部分地区可栽植

【观赏效果】花盘形似太阳，花色亮丽，自然纯朴，充满生机。开花时金黄耀眼，极为壮观，深受大家喜爱。

市场价位：★★☆☆☆　　光照指数：★★★★★　　施肥指数：★★★☆☆

栽培难度：★★☆☆☆　　浇水指数：★★★★☆　　病虫指数：★★☆☆☆

月份	1月	2月	3月	4月	5月	6月	7月	8月	9月	10月	11月	12月
全年花历												
生长期				🌱	🌱	🌱	✿	✿	✿	🍒		
光照				☀	☀	☀	☀	☀	☀	☀		
浇水				💧	💧	💧	💧	💧	💧	💧		
施肥				◇	◇	◇	◇	◇	◇	◇		
病虫害						🐞	🐞	🐞				
繁殖				🌰	🌰				🌰			
修剪					✋	✂			✂	✋	✋	

🔨 种植小贴士

1

泥炭土

点播，以泥炭土为宜。种植时种子的尖头朝下，圆头朝上，覆薄土，使用喷壶喷水。放在阳光好的位置养护，适温 15 ~ 25℃下 5 ~ 7 天可出芽。

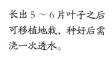

2

长出 5 ~ 6 片叶子之后可移植地栽，种好后需浇一次透水。

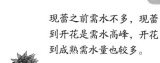

3

现蕾之前需水不多，现蕾到开花是需水高峰，开花到成熟需水量也较多。

4

磷钾肥

喜肥，生长期每半月施肥一次，苗期以氮肥为主，促进枝叶健壮。现蕾后适当增施磷钾肥，促进开花。

5

喜光，栽种在向阳的位置，生长适温 20 ~ 30℃。

6

摘心

剪去侧枝

苗期摘心一次，分枝可产生 4 ~ 5 朵花，不摘心则赏单花，生长期及时去掉侧枝。

萱草类

Hemerocallis spp.

✽

【株高、冠幅】40～80cm

【生长类型】宿根花卉

【花期】5—10月

【别名】一日百合、黄花菜

忘却不愉快
放下忧愁　母亲之花

【科属】百合科萱草属
【适应地区】全国大部分地区可栽植

【观赏效果】品种繁多，花期长，花色丰富，可用在花坛、花境等处营造自然景观，亦可做切花、盆花来美化家居。

市场价位: ★★★☆☆　　光照指数: ★★★★☆　　施肥指数: ★★☆☆☆

栽培难度: ★☆☆☆☆　　浇水指数: ★★★☆☆　　病虫指数: ★☆☆☆☆

月份	1月	2月	3月	4月	5月	6月	7月	8月	9月	10月	11月	12月
全年花历												
生长期	▨	▨	🍃	🍃	❀	❀	❀	❀	❀	❀	▨	▨
光照		☀	☀	☀	☀	☀	☀	☀	☀	☀		
浇水		💧	💧	💧	💧	💧	💧	💧	💧			
施肥		🧴	🧴	🧴	🧴	🧴	🧴	🧴	🧴			
病虫害						🐞	🐞	🐞				
繁殖			🌰	🌰					🪴	🪴		
修剪				✂			✂	✂	✂	✂	✂	

🛠 种植小贴士

1 分株繁殖为主，也可播种或扦插繁殖。分株多在秋季进行，选用疏松肥沃、排水良好的土壤，栽植不宜过深或过浅。

2 移植宜在萌芽前进行，栽前施足基肥。

3 耐旱、耐涝，浇水"见干见湿"，夏季适当增加浇水次数及向叶面喷水。开花期如果断水会导致花蕾掉落。

4 喜光，半阴也可以生长，夏季温度过高可适当遮阴，生长适温 15 ～ 25℃。

5 耐贫瘠，3 月份施氮肥有利生长，5 月份以磷钾肥为主，秋季追肥。

6 栽培品种 3 ～ 4 年要分株更新。

7 虫害主要是红蜘蛛和蚜虫，病害主要是锈病和叶枯病。

翼叶山牵牛
Thunbergia alata
❀

害羞

【长度】约3m

【生长类型】缠绕草本

【花期】5—9月

【别名】翼叶老鸦嘴、黑眼苏珊、黑眼花

【科属】爵床科山牵牛属

【适应地区】华南地区可露地越冬

【观赏效果】黄艳艳的花冠几近平展，花喉的蓝紫色近乎黑色，法语将其译为"黑眼睛的苏珊娜"，既浪漫，又形象。庭院布置中可利用花色的差异进行搭配，营造轻松活泼的感觉。

市场价位：★★★☆☆　　光照指数：★★★★☆　　施肥指数：★★★☆☆

栽培难度：★★★☆☆　　浇水指数：★★★☆☆　　病虫指数：★★☆☆☆

全年花历

月份	1月	2月	3月	4月	5月	6月	7月	8月	9月	10月	11月	12月
生长期	🍃	🍃	🌱	🌱	🌼	🌼	🌼	🌼	🌼	🍃	🍃	🍃
光照	☀	☀	☀	☀	☀	☀	●	●	☀	☀	☀	☀
浇水	💧	💧	💧	💧	💧	💧	💧	💧	💧	💧	💧	💧
施肥			🝔	🝔	🝔	🝔	🝔	🝔	🝔	🝔	🝔	
病虫害				🐞	🐞	🐞	🐞	🐞	🐞	🐞		
繁殖			🌰	⚘					🌰			
修剪			✄	✂			✂	✂	✂	✂		

🛠 种植小贴士

1
扦插或播种繁殖，春植，发芽适温 16~18℃，播种当年就能达到很好的观赏效果。选用疏松肥沃、排水良好的土壤。

2

可先按东西走向设立好支架，栽种后先扶正，再填土，踩实后浇透水，完成栽植。

3

需肥量大，生长旺盛期每隔 2～3 周追肥一次，花蕾期控制氮肥使用，增施磷钾肥，气温低时控肥。

4

当枝蔓长到 6～7 片叶子时去顶尖，促开花，也可避免其生长过快。

5
生长旺盛期应保证水分充足，平时需维持微潮偏干的土壤环境，忌积水。

6

喜光，每天接受散射日光不少于 2 小时，生长适温 22～28℃。

7

虫害

注意定期检查是否感染虫害，如蚜虫和红蜘蛛。

PART
5

蓝色、紫色花卉

配色小建议：

蓝色让人联想到天空与海洋，是广博之色。当我们面对一片蓝色花海时，不觉得眼前是一个平面，更像某个无限延伸的空间。

紫色是一种浓郁的颜色，源自蓝色与红色的混合，具有双重的力量。包含更多蓝色的紫色，感觉清爽，能增加空间感，如淡紫色的花卉成片种植，效果就非常明显。包含更多红色的紫色会显得热烈，如葡萄紫。

方案 1：

● 蓝色、白色和橙黄色的搭配，洋溢着青春、时尚和明快的气息，具有一种运动感，是适合年轻园主的一组配色。

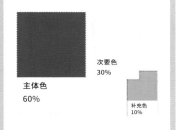

主体色
60%
次要色
30%
补充色
10%

方案 2：

● 蓝色、绿色和淡黄色的搭配，色调明快，具有强烈的节奏感。这种同类色的对比彰显着青春的魅力，积极、奔放。

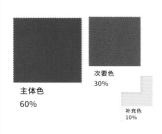

主体色
60%
次要色
30%
补充色
10%

方案 3：

● 蓝色、红色和黄色的搭配，让人联想到电玩，顷刻带你回到孩提时代。这种庭院配色很适合有小朋友的家庭。

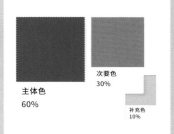

主体色
60%
次要色
30%
补充色
10%

方案 4：

● 深蓝色与红色的搭配，呈现出英伦风格，复古而优雅，白色的增加起到过渡的作用。如建筑和室内设计是英式风格，那搭配这组庭院配色会非常协调。

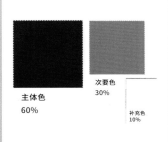

主体色
60%
次要色
30%
补充色
10%

方案 5：

● 紫色与绿色的搭配有些小众，适合那些具有一定个性且有内涵的年轻人。这组配色具有运动感，彰显个性化。深红色的加入，呈现时尚复古风。

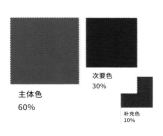

主体色
60%
次要色
30%
补充色
10%

方案 6：

● 紫色与橙色的搭配对比强烈，两者的辨识度都很高，给人娇艳感，富于装饰性。绿色可以起到平衡作用。

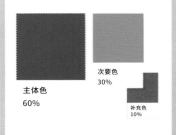

主体色
60%
次要色
30%
补充色
10%

百子莲
Agapanthus spp.

❁

爱之花
爱情降临

【科属】石蒜科百子莲属
【适应地区】北方地区 5℃以下需室内越冬

【株高】约 1.5m
【生长类型】多年生草本

【花期】7—10月
【别名】非洲爱情花、蓝百合、非洲百合

【观赏效果】花茎很高，顶端开着呈放射状的小花，株型秀丽，如亭亭玉立、高贵淡雅的小仙女一般，具很高的观赏价值。

市场价位：★★★☆☆　　光照指数：★★★★☆　　施肥指数：★★★☆☆

栽培难度：★★☆☆☆　　浇水指数：★★★☆☆　　病虫指数：★★☆☆☆

全年花历												
月份	1月	2月	3月	4月	5月	6月	7月	8月	9月	10月	11月	12月
生长期	▨	▨		🌱	🌱	🌱	✿	✿	✿	✿	🌱	▨
光照	☼	☼	☼	☼	☼	☼	☀	☀	☼	☼	☼	☼
浇水	💧	💧	💧	💧	💧	💧	💧	💧	💧	💧	💧	
施肥			▣	▣	▣	▣	▣	▣	▣	▣	▣	
病虫害			🐞	🐞	🐞	🐞	🐞	🐞	🐞	🐞		
繁殖			🪴	🪴								
修剪								✂	✂	✂	✂	

🔨 种植小贴士

1 3—4 月换盆时将老株分为 2 ~ 3 丛为一株栽植，翌年开花。

2 喜温暖、阳光充足的环境，生长适温 15 ~ 25℃，夏季要遮阴保持凉爽。

3 夏季保持土壤湿润，早晚各浇一次水，高温时以喷雾增湿降温。春、秋两季土壤微干时浇水，冬季低温时控水。

液肥　肥土

4 喜疏松肥沃、微酸性的砂质壤土。除充足基肥外，生长期及花期每 15 天应追施液肥。

剪去残花

5 花谢后及时剪去残花。

姬小菊
Brachyscome angustifolia

❀

【花期】4—11月

【别名】细叶鹅河菊、狭叶鹅河菊

【株高】20～80cm

【生长类型】多年生草本

优美 动人 感激

【科属】菊科鹅河菊属

【适应地区】北方地区 5℃以下需室内越冬

【观赏效果】爆盆，分枝多，花开时一起绽放，有白色、紫色、粉色、玫红色等，被誉为是"草花一霸"和"开花机器"。

市场价位：★★★☆☆	光照指数：★★★★★	施肥指数：★★★★☆
栽培难度：★★☆☆☆	浇水指数：★★★☆☆	病虫指数：★★★☆☆

月份	1月	2月	3月	4月	5月	6月	7月	8月	9月	10月	11月	12月
生长期	🌱	🌱	🌱	✿	✿	✿	✿	✿	✿	✿	✿	🌱
光照	☀	☀	☀	☀	☀	☀	☀	☀	☀	☀	☀	☀
浇水	💧	💧	💧	💧	💧	💧	💧	💧	💧	💧	💧	💧
施肥			🪣	🪣	🪣	🪣	🪣	🪣	🪣	🪣		
病虫害			🐞	🐞	🐞	🐞	🐞	🐞	🐞	🐞		
繁殖			🌱	🌱	🌱			🌱	🌱			
修剪			✋	✋	✂	✂	✂	✂	✂	✂	✂	

🪏 种植小贴士

1 浸泡种子

3—5 月用温水泡种半天，饱满后再用清水浸泡 1～2 天催芽，盖土 3cm，20℃下 10 余天发芽。也可 3—5 月或 8—9 月剪取 10cm 粗壮枝条扦插，10 余天后生根。

2 喜光，光弱时容易徒长，花量减少色淡。生长适温 12～25℃，喜冷凉环境，超过 35℃时注意控水遮阴。

3 不耐干旱，浇水"见干见湿"，一次将土壤浇透。冬季低温时减少浇水。

4 液肥

对土壤适应性强，生长季及花期需肥量大，除足够基肥外每 10 天追施一次液肥。

5 剪去残花

定期打顶促进分枝，帮助塑形。花败后及时剪掉残花，会出新芽开花。

蓝蝴蝶

Rotheca myricoides

❈

【株高】高度 0.8～1.2m

【生长类型】多年生小型灌木

【花期】4—10月

【别名】紫蝶花、花蝴蝶、乌干达赪桐

愿与你在此相遇

【科属】马鞭草科大青属

【适应地区】北方地区 10℃以下需室内越冬

【观赏效果】花色为浅蓝色到紫色，色泽清雅，如同美丽的天使，盛开时花姿优雅，酷似群蝶飞舞。

市场价位：★★★★☆　　光照指数：★★★★☆　　施肥指数：★★★☆☆

栽培难度：★★☆☆☆　　浇水指数：★★★★☆　　病虫指数：★☆☆☆☆

全年花历												
月份	1月	2月	3月	4月	5月	6月	7月	8月	9月	10月	11月	12月
生长期	🌿	🌿	🌿	🌼	🌼	🌼	🌼	🌼	🌼	🌼	🌱	🌿
光照	☀	☀	☀	☀	☀	☀	☀	☀	☀	☀	☀	☀
浇水	○	○	●	●	●	●	●	●	●	●	●	○
施肥			✦	✦	✦	✦	✦	✦	✦	✦		
病虫害			🐛	🐛	🐛	🐛	🐛	🐛	🐛	🐛		
繁殖		🪴	🌱	🌱	🌱							
修剪			✂			✂	✂	✂	✂	✂	✂	

🛠 种植小贴士

1 沙藏种子

9—10月采种后沙藏至翌春播种，23～30℃下2～3周发芽，5～6片真叶时即可移栽。也可在春季新芽萌发之前挖取地上萌株分栽。

2 适应半日照至全日照环境，耐热、耐晒，生长适温23～32℃，不耐寒。

3 喜湿润，夏、秋季根据土壤情况及时浇透水，冬季低温会落叶休眠，要控制水量。

4 液肥

以排水良好的壤土或砂质壤土为佳，除充足基肥外，生长季和花期都要薄肥勤施，每5天追一次薄液肥。

5 早春修剪整枝，花后及时剪去残花，并矮化整形，植株老化可施以重剪。

剪去残花

蓝花鼠尾草
Salvia farinacea

✳

理性　理智

【花期】4—10月

【别名】一串蓝、蓝丝线

【株高】40～50cm

【生长类型】多年生草本

【科属】唇形科鼠尾草属

【适应地区】全国各地均可栽培、北方冬季休眠

【观赏效果】花穗像是老鼠尾巴的鼠尾草，生长势强，花期贯穿了整个夏季与秋季，花量大且芳香浓郁，色泽典雅华贵，观赏价值很高。

市场价位: ★★★☆☆	光照指数: ★★★★☆	施肥指数: ★★★☆☆
栽培难度: ★★★☆☆	浇水指数: ★★☆☆☆	病虫指数: ★☆☆☆☆

月份	1月	2月	3月	4月	5月	6月	7月	8月	9月	10月	11月	12月
全年花历												
生长期	叶	叶	叶	花	花	花	花	花	花	花	叶	叶
光照	☀	☀	☀	☀	☀	☀	●	●	☀	☀	☀	☀
浇水	💧	💧	💧	💧	💧	💧	💧	💧	💧	💧	💧	💧
施肥			肥	肥	肥	肥	肥	肥	肥	肥		
病虫害			虫	虫	虫	虫	虫	虫	虫			
繁殖			种	种	种	种	种	种	种			
修剪			摘	摘			剪	剪	剪	剪	剪	

🔨 种植小贴士

1

除冬季外，可结合温度、光照条件根据花期需要随时播种。20 ～ 23℃下 5 ～ 8 天发芽，光照长、温度较高时 10 ～ 11 周开花，光照短、冷凉时 14 ～ 16 周开花。

2

生长适温 15 ～ 28℃，性喜温暖及全日照环境，但夏季强光应适当遮阴。

3

较耐旱，浇水"见干见湿"，保持土壤潮湿即可。雨季要做好排水。

4

复合液肥

耐贫瘠，但以肥沃、排水良好的壤土为佳，每 10 天追一次复合液肥可促进快速生长。

5

剪去残花序

植株长出 4 对真叶时可摘心，留 2 对真叶，促发侧枝。若不留种可及时剪去残花序，使其继续抽枝开花。

蓝金花

Otacanthus azureus

❀

互信的心
把握当下

【花期】3—11月

【别名】巴西金鱼花、蓝金鱼草

【株高】50～90cm

【生长类型】多年生草本

【科属】车前科蓝金花属

【适应地区】华南地区可露地栽培，北方 10℃以下需室内越冬

【观赏效果】花瓣蓝紫色，花姿奇特别致，形似金鱼，花期极长，适合庭植美化、盆栽或做切花。

市场价位: ★★★☆☆　　光照指数: ★★★★★　　施肥指数: ★★☆☆☆

栽培难度: ★★☆☆☆　　浇水指数: ★★★☆☆　　病虫指数: ★☆☆☆☆

全年花历												
月份	1月	2月	3月	4月	5月	6月	7月	8月	9月	10月	11月	12月
生长期	🌱	🌱	✿	✿	✿	✿	✿	✿	✿	✿	✿	🌱
光照	☀	☀	☀	☀	☀	☀	☀	☀	☀	☀	☀	☀
浇水	💧	💧	💧	💧	💧	💧	💧	💧	💧	💧	💧	💧
施肥			🧴	🧴	🧴	🧴	🧴	🧴	🧴	🧴	🧴	
病虫害			🪲	🪲	🪲	🪲	🪲	🪲	🪲	🪲	🪲	
繁殖			⚑	⚑	⚑				⚑	⚑	⚑	
修剪			✂	✂	✂	✂	✂	✂	✂	✂	✂	✂

🔧 种植小贴士

1

多在春、秋两季用扦插繁殖。选取 10 ~ 15cm 强壮枝条，剪掉底部叶片后插入湿润遮阴的沙床，20 ~ 25℃下 14 天左右即可生根。

2

全日照植物，喜光，也耐半阴。性喜温暖，耐高温。

3

浇水"见干见湿"，保持土壤湿润，秋、冬季需控水。

4

液肥

以肥沃的砂质壤土为佳，除充足基肥外，每月追施一次液肥。

5

剪去花茎

春季修剪整枝，植株老化可施以重剪。花谢后立即剪除花茎，补给肥料，可以促进新花生长开放。

蓝扇花

Scaevola aemula

❀

沉迷的爱

【株高】20～50cm
【生长类型】多年生草本

【花期】4—8月
【别名】扇子花、半边花、半边莲

【科属】草海桐科草海桐属
【适应地区】北方地区 5℃以下需室内越冬

【观赏效果】花色雅致，花形奇特，花朵由 5 片长椭圆形花瓣组成半圆形花冠，犹如展开后的一把把折扇，十分美丽。

市场价位: ★★★☆☆ 　 光照指数: ★★★★★ 　 施肥指数: ★★★☆☆
栽培难度: ★★☆☆☆ 　 浇水指数: ★★★☆☆ 　 病虫指数: ★★☆☆☆

全年花历												
月份	1月	2月	3月	4月	5月	6月	7月	8月	9月	10月	11月	12月
生长期	🌱	🌱	🌱	✿	✿	✿	✿	✿	🌱	🌱	🌱	🌱
光照	☀	☀	☀	☀	☀	☀	☀	☀	☀	☀	☀	☀
浇水	💧	💧	💧	💧	💧	💧	💧	💧	💧	💧	💧	💧
施肥	🧴	🧴	🧴	🧴	🧴	🧴	🧴	🧴	🧴	🧴	🧴	🧴
病虫害				🐞	🐞	🐞	🐞	🐞	🐞	🐞	🐞	
繁殖			🌰	🌰	🌰/⛱							
修剪					✂	✂	✂	✂				

🪏 种植小贴士

1 春季播种繁殖，发芽适温 19～24℃。也可在春末剪取嫩枝扦插。

2 全日照植物，喜凉爽、阳光充足环境，生长适温 18～26℃。

3 生长期保持盆土湿润，盆土略干后再浇水，即"见干见湿"。

4 喜排水良好的砂质壤土，一般每月追施液肥一次，花期增施一次磷钾肥。

重剪枝条

5 开花后及时剪除残花，可促进更多花开。植株老化时重剪一半枝条，可促使萌发新枝并再度开花。

6 保持凉爽和通风，防治叶斑病和蚜虫。

蓝雪花
Ceratostigma plumbaginoides

✳

冷淡 高洁 忧郁

【株高】30～90cm
【生长类型】多年生草本

【花期】4—10月
【别名】角柱花、假靛、山灰柴

【科属】白花丹科蓝雪花属
【适应地区】华北以南地区可露地栽培

【观赏效果】生命强健，枝条柔软，花色淡雅俊美，花期长，蓝色的花卉为高温的夏天带来清凉感，温暖地区可四季开花。

市场价位: ★★★☆☆　　光照指数: ★★★★☆　　施肥指数: ★★★★★

栽培难度: ★★☆☆☆　　浇水指数: ★★★★☆　　病虫指数: ★☆☆☆☆

全年花历												
月份	1月	2月	3月	4月	5月	6月	7月	8月	9月	10月	11月	12月
生长期	🌱	🌱	🌱	❀	❀	❀	❀	❀	❀	❀	🌱	🌱
光照	☀	☀	☀	☀	☀	●	●	●	☀	☀	☀	☀
浇水	💧	💧	💧	💧	💧	💧	💧	💧	💧	💧	💧	💧
施肥	◆	◆	◆	◆	◆	◆	◆	◆	◆	◆	◆	◆
病虫害			🐞	🐞	🐞	🐞	🐞	🐞	🐞	🐞		
繁殖				种子／扦插	种子／扦插	种子／扦插	扦插	扦插				
修剪					✂	✂	✂	✂	✂	✂	✂	

种植小贴士

1

购买小苗或带花大苗种植。4—6月播种，1周左右发芽，1个月可移栽。或4—8月剪取有1～2个节的5～7cm当年嫩枝扦插，1个月左右可长根移栽。

2

喜光照，稍耐阴，不宜在烈日下暴晒，耐高温、高湿，生长适温17～25℃。

3

喜湿润，日常浇水"干透浇透"，不积水。低温时生长停滞，注意控水。

4

液肥

以疏松、排水性好的砂质壤土为佳。喜肥，夏、秋季每5天（冬、春季每10天）追施液肥一次。

5

剪去残花

萌枝力强，耐修剪，秋季花期过后重剪过冬。每轮花谢后及时修剪残败花序和杂乱枝叶。没有攀爬能力，可借助支架牵引绑附塑造藤本外观。

蕾丝金露花

Duranta erecta 'Dark Purple'

✲

邪恶 巫术

【株高】控制高度 0.8～1.5m

【生长类型】灌木

【花期】5—10月

【别名】蕾丝假连翘

【科属】马鞭草科假连翘属

【适应地区】南方常见栽培，北方地区 5℃以下需室内越冬

【观赏效果】生性强健，花期长，花色艳蓝至紫色，花形酷似蕾丝花纹，故而得名。花姿美丽，有淡淡的巧克力香味。

| 市场价位: ★★★★☆ | 光照指数: ★★★★★ | 施肥指数: ★★★★☆ |
| 栽培难度: ★☆☆☆☆ | 浇水指数: ★★☆☆☆ | 病虫指数: ★☆☆☆☆ |

月份	1月	2月	3月	4月	5月	6月	7月	8月	9月	10月	11月	12月
生长期	🌱	🌱	🌱	🌱	❀	❀	❀	❀	❀	❀	🌱	🌱
光照	☀	☀	☀	☀	☀▮	☀▮	☀▮	☀▮	☀	☀	☀	☀
浇水	💧	💧	💧	💧	💧	💧	💧	💧	💧	💧	💧	💧
施肥	🧴	🧴	🧴	🧴	🧴	🧴	🧴	🧴	🧴	🧴	🧴	🧴
病虫害			🪲	🪲	🪲	🪲	🪲	🪲	🪲			
繁殖					🌱	🌱						
修剪		✋	✋	✋	✋	✋	✋	✋	✋	✋		

全年花历

🔨 种植小贴士

1

偶尔才会结种子，因此多用扦插、压条等方法繁殖。春末夏初，选10cm顶部保留2片叶的1～2年枝条插入湿沙床，遮阴保湿下21天即可生根，易成活。

2

喜光，喜温暖湿润气候，生长适温22～32℃。抗寒力较低，长期低于5℃易受寒害，20℃以上生长较快。

3

耐干旱，怕水涝，浇水"见干见湿"，阴雨天气注意排积水，防止烂根。

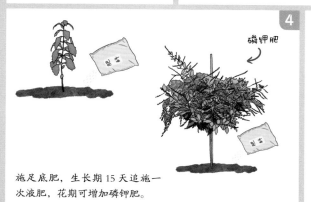

4

磷钾肥

施足底肥，生长期15天追施一次液肥，花期可增加磷钾肥。

5

修剪整形

耐修剪，生长迅速时易形成徒长枝，需定期整形修剪。

西番莲

Passiflora caerulea

❁

憧憬

【长度】约6m

【生长类型】多年生常绿藤本

【花期】5—7月

【别名】百香果、巴西果、藤桃

【科属】西番莲科西番莲属

【适应地区】亚热带以北地区需温室栽培

【观赏效果】花、果俱美，花大而奇特，既可观花，又可赏果，生长速度快，可以作为花架遮阴植物。

市场价位：★★★☆☆　　光照指数：★★★★★　　施肥指数：★★★☆☆

栽培难度：★★☆☆☆　　浇水指数：★★★☆☆　　病虫指数：★★★☆☆

全年花历												
月份	1月	2月	3月	4月	5月	6月	7月	8月	9月	10月	11月	12月
生长期	🌱	🌱	🌱	🌱	✿	✿	✿	🍒	🍒	🌱	🌱	🌱
光照	☀	☀	☀	☀	☀	☀	☀	☀	☀	☀	☀	☀
浇水	💧	💧	💧	💧	💧	💧	💧	💧	💧	💧	💧	💧
施肥	▲	▲	▲	▲	▲	▲	▲	▲	▲	▲	▲	▲
病虫害			🪲	🪲	🪲	🪲	🪲	🪲	🪲	🪲		
繁殖			种子/播种/扦插	种子/播种/扦插				种子/播种	种子/播种			
修剪			🌀	🌀	✋	✋	✋	🍒	🍒	✂		

种植小贴士

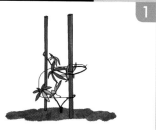

1 一般春、秋季播种，将种子均匀撒播在苗床上，薄草覆盖后淋水保持湿润，约半个月出土4片真叶时可移栽。压条以春季为宜，扦插可以在春、秋两季进行。

2 属热带、亚热带植物，喜光、向阳及喜温暖的气候环境，生长适温20～30℃，0℃以下霜冻会引起树冠枯死。

3 喜湿润又怕积水，雨季注意排水，干旱时要及时浇水，日常浇水"见干见湿"。

4 对土壤要求不严，以富含有机质、疏松、土层深厚为佳。对氮肥较敏感，花前施用过多易导致徒长。

疏叶

5 采果后可修剪至副主蔓或三级蔓以上整形，平时注意牵引树形，并及时修剪、疏叶。

6 保证通风透光和排水，可以预防病虫害。

薰衣草
Lavandula angustifolia

✳

等待爱情
幸福美满　纯洁清净

【株高】60～90cm
【生长类型】多年生草本

【花期】6—8月
【别名】灵香草、香草、黄香草

【科属】唇形科薰衣草属
【适应地区】全国各地均有栽培

【观赏效果】叶形优美典雅，花形如小麦穗状，花序颀长秀丽，风吹起时，小小的紫蓝色花朵上下起伏，沁人心脾。全株略带清淡香气。

市场价位：★★☆☆☆　　光照指数：★★★★★　　施肥指数：★★☆☆☆

栽培难度：★★☆☆☆　　浇水指数：★★☆☆☆　　病虫指数：★★☆☆☆

全年花历

月份	1月	2月	3月	4月	5月	6月	7月	8月	9月	10月	11月	12月
生长期	🌱	🌱	🌱	🌱	🌱	✿	✿	✿	🌱	🌱	🌱	🌱
光照	☀	☀	☀	☀	☀	☀	☀	☀	☀	☀	☀	☀
浇水	💧	💧	💧	💧	💧	💧	💧	💧	💧	💧	💧	💧
施肥	🧴	🧴	🧴	🧴	🧴	🧴	🧴	🧴	🧴	🧴	🧴	🧴
病虫害			🐞	🐞	🐞	🐞	🐞	🐞	🐞	🐞	🐞	
繁殖			🌱/🌰	🌱/🌰	🌱/🌰				🌱	🌱	🌱	
修剪			✂						✂			

种植小贴士

1

播种

春、秋季选健康植株顶芽或半木质化的枝条扦插，约14天生根后即可移栽。也可播种繁殖，适温20～25℃下约14天发芽，1个月后可定植。

2

长日照植物，喜冬暖夏凉，具有很强的适应性，5～30℃均可生长。

3

性喜干燥，需水不多，"见干见湿"浇水即可，注意不要浇到叶子和花。花期需要控水。

4

根系发达，耐瘠薄，但在深厚、疏松、透气良好的肥沃土壤生长更佳。基肥充足时，开花前后各追施一次肥料即可。

5

重剪

返青前和开花后可对植株重剪，促进分枝和根系发育。

紫藤
Wisteria sinensis

❀

沉迷的爱
执着的爱　紫气东来

【长度】可达30m，可修剪控制
【生长类型】大型藤本

【花期】4—5月
【别名】藤萝、朱藤、招藤

【科属】豆科紫藤属
【适应地区】河北以南地区可露地种植

【观赏效果】紫藤先叶开花，开花时花穗垂吊在枝头，缀以稀疏嫩叶，就好像无数飞舞的紫色小蝴蝶，十分优美，我国自古即栽培作庭园棚架植物，深受人们喜爱。

市场价位：★★★☆☆　　光照指数：★★★★★　　施肥指数：★☆☆☆☆
栽培难度：★★★☆☆　　浇水指数：★★☆☆☆　　病虫指数：★★★☆☆

全年花历												
月份	1月	2月	3月	4月	5月	6月	7月	8月	9月	10月	11月	12月
生长期	🌿	🌿	🌱	✿	✿	🌿	🌿	🌿	🌿	🌿	🌿	🌿
光照	☀	☀	☀	☀	☀	☀	☀	☀	☀	☀	☀	☀
浇水	💧	💧	💧	💧	💧	💧	💧	💧	💧	💧	💧	💧
施肥			⬤	⬤	⬤	⬤			⬤	⬤		
病虫害			🐞	🐞	🐞	🐞	🐞	🐞	🐞			
繁殖			🌱						🌱	🌱		
修剪		✂	✋	✋	✋	✂	✋	✋	✋	✋	✋	✋

种植小贴士

1 扦插法繁殖较为常用。在枝条萌芽前或秋季选取1~2年生10～15cm的粗壮嫩枝插于苗床，也可在3月中下旬挖取10～12cm长、0.5～2cm粗的根系插入苗床。

2 喜光，略耐阴，适应能力强。生长适温15～35℃，耐热也耐寒，从南到北各地都有栽培。

3 有较强的耐旱能力，但是喜欢湿润、排水良好的土壤，过度潮湿易烂根。

4 强直根性植物，主根很深而侧根少，需要深厚土层。耐贫瘠，但肥沃的土壤更有利于生长。生长期追肥2～3次即可。

5 落叶休眠期可将当年生的新枝剪去一半，开花后将中部枝条留5～6个芽短截，促进花芽形成。日常也要通过牵蔓、修剪整形，控制藤蔓生长保持形状。

双色、多色花卉

配色小建议：

　　自然界的植物丰富多彩，有单色的，也有双色和多色的，一株几色，看上去特别惊艳。这些令人惊艳的花朵竞相开放，令人瞬间感叹大自然的鬼斧神工。作为配色来说，在庭院里种植双色或多色植物，只要不显杂乱就行。

方案 1：
● 浅橙色给人以香甜感，而粉色则蕴含柔美，用白色点缀，突出甜美、可爱的印象，这是一组很适合女孩子的庭院配色。

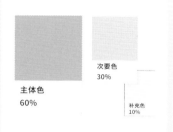

主体色
60%

次要色
30%

补充色
10%

方案 2：
● 淡绿色与雏菊黄色的组合寓意善于社交、乐观向上，自己的庭院自己做主。红色的少量加入，带来一丝稳重和内敛。

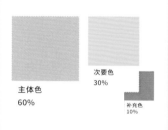

主体色
60%

次要色
30%

补充色
10%

方案 3：
● 浅紫色与绿色的搭配，给人云淡风轻的印象，白色的加入，显得轻盈而飘逸，适合现代都市简洁的生活方式。

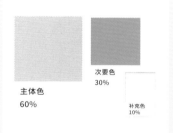

主体色
60%

次要色
30%

补充色
10%

方案 4：
● 深紫色、梅紫色和砂红色的搭配，彰显有条不紊的处事风格。这三个颜色的组合内敛而保守，带来独特的审美。

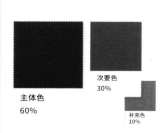

主体色
60%

次要色
30%

补充色
10%

方案 5：
● 紫红色、橙色与深紫色的搭配，热情而炙热，是大胆的创意性搭配方式，装饰效果很强。

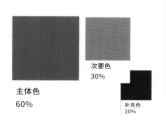

主体色
60%

次要色
30%

补充色
10%

方案 6：
● 浅紫、粉色与白色的搭配，如同闺蜜相约，透着清新与芳香，这是一组女性色彩很浓的配色。

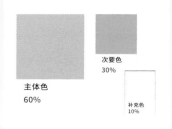

主体色
60%

次要色
30%

补充色
10%

花烟草
Nicotiana alata

✿

别无他爱

【株高】45～55cm

【生长类型】多年生草本作一年生栽培

【花期】6—8月

【别名】烟草花、烟仔花

【科属】茄科烟草属

【适应地区】5℃以下地区需室内越冬

【观赏效果】小花由花茎逐渐往上开放，花色有白、淡黄、桃红、紫红等色，夜间及阴天开放，晴天中午闭合。

市场价位: ★★☆☆☆	光照指数: ★★★★★	施肥指数: ★★★☆☆
栽培难度: ★★★☆☆	浇水指数: ★★☆☆☆	病虫指数: ★★★★☆

全年花历												
月份	1月	2月	3月	4月	5月	6月	7月	8月	9月	10月	11月	12月
生长期	🌱	🌱	🌿	🌿	🌿	✿	✿	✿	🍒	🍃	🍃	🍃
光照	☀	☀	☀	☀	☀	☀❘	☀❘	☀❘	☀	☀	☀	☀
浇水	💧	💧	💧	💧	💧	💧	💧	💧	💧	💧	💧	💧
施肥			🧂	🧂	🧂	🧂	🧂	🧂	🧂			
病虫害						🐞	🐞	🐞	🐞			
繁殖	🌰	🌰										
修剪			✂						✂			

🛠 种植小贴士

1

播种育苗，基质以草炭为宜，要求湿度饱和，播后不能覆土，发芽适温21～25℃,适当光照下3～5天发芽。

2

当根系饱满、有3～4片叶子时可减少水肥炼苗以便移栽定植。定植成活后摘心一次，促使多分枝。

3

以富含有机质、排水良好的砂质壤土为佳。生长期每周施肥一次，花期每周施肥2次，与浇水交替进行。

4

喜阳，日照不足则植株徒长、花疏色淡不美观。生长适温10～26℃。

5

生长后期的病害较严重，需综合防治、定期施药。夏季阴天后要防止叶腐病等。

麦秆菊
Xerochrysum bracteatum

❀

永恒的记忆

【株高】70～120cm
【生长类型】一、二年生草本

【花期】6—9月
【别名】蜡菊、脆菊

【科属】菊科蜡菊属
【适应地区】全国大部分地区可栽植

【观赏效果】花瓣因含硅酸而膜质化，具有金属光泽，色彩艳丽且长久不凋。摘花放入居室，三四年后花色依旧鲜艳，可作为室内装饰应用，也可布置花坛、花境。

市场价位：★ ★ ☆ ☆ ☆　　光照指数：★ ★ ★ ★ ☆　　施肥指数：★ ☆ ☆ ☆ ☆
栽培难度：★ ★ ☆ ☆ ☆　　浇水指数：★ ★ ★ ☆ ☆　　病虫指数：★ ★ ☆ ☆ ☆

月份	1月	2月	3月	4月	5月	6月	7月	8月	9月	10月	11月	12月
全年花历												
生长期			●	●	●	●	●	●	●	●		
光照			●	●	●	●	●	●	●	●		
浇水			●	●	●	●	●	●	●	●		
施肥			●	●	●							
病虫害				●	●	●	●	●	●			
繁殖			●	●					●	●		
修剪					●			●	●	●	●	

🔨 种植小贴士

1

喜光，忌积水，应选向阳、适度湿润又排水良好的疏松肥沃土壤栽植。

2

播种繁殖，春、秋季均可，南方酷热地区应选9月播种。春播于3—4月在温床或温室中盆播，7～8片真叶时定植，株距30cm。

3

生长适温15～25℃，不耐寒，忌酷热。超过25℃需遮阳降温，低于4℃时植株休眠，北方盆栽应移入室内保暖。

生长期每个月施一次氮磷钾肥，花蕾后少施肥，避免花色不艳。同时打防虫药，避免蚜虫、卷叶虫和地下害虫侵蚀植株。

4

磷钾肥

防虫药

5

摘心

为促使多发分枝、多开花，生长期可摘心2～3次。

凤仙花
Impatiens balsamina

❀

别碰我
怀恋过去

【花期】7—9月
【别名】金凤花、指甲花

【株高】0.6～1m
【生长类型】一年生草本

【科属】凤仙花科凤仙花属
【适应地区】全国各地广泛栽培

【观赏效果】花形似蝴蝶，花头、翅、尾、足俱翘然如凤状，故又名金凤花。花色多样，有粉红、大红、紫色、粉紫等多种。凤仙花染指甲古意盎然，深受女孩子的喜爱，可作花丛栽植。

市场价位: ★★☆☆☆ | 光照指数: ★★★★☆ | 施肥指数: ★★★☆☆
栽培难度: ★☆☆☆☆ | 浇水指数: ★★★☆☆ | 病虫指数: ★★★☆☆

全年花历												
月份	1月	2月	3月	4月	5月	6月	7月	8月	9月	10月	11月	12月
生长期			🌱	🌿	🌿	🌿	✿	✿	✿	🍒		
光照			☀	☀	☀	☀	●	●	☀	☀	☀	
浇水			💧	💧	💧	💧	💧	💧	💧	💧	💧	
施肥			▲(底肥)	▲	▲	▲	▲	▲	▲	▲	▲	
病虫害			🐞	🐞	🐞	🐞	🐞	🐞	🐞	🐞	🐞	
繁殖			🌰	🌰	🌰							
修剪				✋						✋🍒	✋🌿	

种植小贴士

1 随种随播，发芽适温 22 ~ 30℃，约 5 天出苗，3 ~ 4 片真叶即可定植，7 ~ 8 周可开花。可调整播种期调节花期。

2 喜阳光充足，稍微耐阴，耐热，不耐寒，生长适温 15 ~ 32℃，宜种在干燥通风处，否则易染白粉病。

3 全株水分含量高，不耐干燥，水分不足易落花、落叶，夏季干旱时及时浇水，冬季宁干勿湿，防止根茎腐烂。

复合肥

4 施足底肥，生长季每月施复合肥即可，夏季温度过高及冬季时停止施肥。

摘除较密叶片

5 长势过旺时要摘除较密叶片，日常养护摘除枯黄的叶片。可通过重剪叶片修整株型，用摘心法摘除花蕾扩大植株，剪后追肥。

摘除花蕾

百合类
Lilium spp.

❀

百年好合

【株高】0.7～1.5m

【生长类型】球根花卉

【花期】5—8月

【别名】山百合、香水百合

【科属】百合科百合属
【适应地区】华北地区需室内越冬，长江流域地区可露天过冬

【观赏效果】花色鲜艳，叶子青翠，茎干亭亭玉立，品种多。高大种类的是花境中的优良花材，中高类的适合片植或丛植，低矮的品种则适宜做切花。

市场价位：★★☆☆☆	光照指数：★★★★☆	施肥指数：★★☆☆☆
栽培难度：★★☆☆☆	浇水指数：★★★☆☆	病虫指数：★★★☆☆

月份	1月	2月	3月	4月	5月	6月	7月	8月	9月	10月	11月	12月
生长期	🌰	🌰	🌱	🌱	✿	✿	✿	🌰	🌰	🌰	🌰	🌰
光照	☀	●☀	☀	☀	☀	☀	☀	☀	☀	☀	☀	☀
浇水	💧	💧	💧	💧	💧	💧	💧				💧	💧
施肥			🧴	🧴	🧴	🧴	🧴					
病虫害	🪲	🪲	🪲	🪲	🪲	🪲	🪲				🪲	🪲
繁殖		🌷	🌷						🌷	🌷		
修剪						✂🌼	✂🌼					

全年花历

🪏 种植小贴士

1　秋季或早春栽植。球植前剪掉腐朽、干枯的根须，用杀菌剂（多菌灵）浸泡杀菌 1 小时，晾干后种植于疏松肥沃、排水良好的位置。栽植宜深，种植前深翻后施入大量腐熟堆肥、腐叶土、粗沙等用来改良土壤和通气，覆土 20cm，发芽前少浇水。一般 3 ～ 4 年分栽一次，不宜多年种植于一处不移动。

剪去根须

2　全日照，部分品种可耐半阴。生长适温 15 ～ 22℃，温度过高会造成枝条细弱、消蕾等。

3　怕涝，浇水"见干见湿"。

4　春季开始生长时不施肥，待根系长出后开始，生长期每半月施一次稀薄液肥，现蕾期可追施磷钾肥。

残花

5　及时剪去残花使鳞茎充实，茎叶枯黄后，剪除地上部分。

多叶羽扇豆

Lupinus polyphyllus

❀

母爱　苦涩

【株高】0.3～1m

【生长类型】宿根草本

【花期】6—8月

【别名】鲁冰花

【科属】豆科羽扇豆属

【适应地区】华北地区过冬需保护地地植，南方地区可露天过冬

【观赏效果】花序挺拔、丰硕，花色多样，有白、红、蓝、紫等变化，布置于庭院入口处、台阶前，当花序盛开时，清风吹拂，摇曳生姿，极富自然气息。

市场价位: ★★★☆☆　　光照指数: ★★★★★　　施肥指数: ★★★★☆

栽培难度: ★★☆☆☆　　浇水指数: ★★★★☆　　病虫指数: ★★☆☆☆

月份	1月	2月	3月	4月	5月	6月	7月	8月	9月	10月	11月	12月
全年花历												
生长期	🌱土	🌱土	🌿	🌿	🌿	❀	❀	❀	🌿	🌿	🌿	🌱土
光照	☀	☀	☀	☀	☀	☀	☀	☀	☀	☀	☀	☀
浇水	💧	💧	💧	💧	💧	💧	💧	💧	💧	💧	💧	💧
施肥	🧪	🧪	🧪	🧪	🧪	🧪	🧪		🧪	🧪		
病虫害						🐞	🐞	🐞	🐞			
繁殖								🌰	🌰			
修剪				✋	✋		✂	✂				

🪏 种植小贴士

1

可采购种子种植,适宜秋播,发芽适温25℃。种皮坚硬,播前要刻伤或浸种,过夜后沙藏,3～4周发芽,播种第一年无花。有些品种需扦插才可保持种性,分株时需多带土,一般2～3年分株一次。

2

选用疏松肥沃、排水良好的酸性沙壤土定植,直根性,盆栽宜选用较深的高筒盆,不耐移植。小苗要尽早移苗、定植,株距30～50cm。

磷钾肥

3

生长期每半月施肥一次,施肥前应松土。花前施1～2次磷钾肥,花后及时剪去残花败枝。

4

喜凉爽,忌炎热,生长适温10～25℃。喜光,遇夏季梅雨易枯死。

5

生长期土壤保持湿润,忌积水,忌向花序上淋水。

117

长春花

Catharanthus roseus

❀

愉快的回忆

【花期】几乎全年

【别名】日日春、三万花、时钟花

【株高】20～50cm

【生长类型】半灌木花卉

【科属】夹竹桃科长春花属
【适应地区】长江流域作一年生栽培，长江以南地区为多年生花卉

【观赏效果】顾名思义，长春花是一种花期很长的植物，花形像一个个旋转的小风车，非常可爱。其叶色苍翠而有光泽，花色艳丽清新，一年四季都能开花。

市场价位：★ ☆ ☆ ☆ ☆　　光照指数：★ ★ ★ ★ ★　　施肥指数：★ ★ ★ ☆ ☆

栽培难度：★ ★ ☆ ☆ ☆　　浇水指数：★ ★ ★ ☆ ☆　　病虫指数：★ ★ ☆ ☆ ☆

全年花历												
月份	1月	2月	3月	4月	5月	6月	7月	8月	9月	10月	11月	12月
生长期	❀	❀	❀	❀	❀	❀	❀	❀	❀	❀	❀	❀
光照	☀	☀	☀	☀	☀	☀	☀	☀	☀	☀	☀	☀
浇水	💧	💧	💧	💧	💧	💧	💧	💧	💧	💧	💧	💧
施肥	🧂	🧂	🧂	🧂	🧂	🧂	🧂	🧂	🧂	🧂	🧂	🧂
病虫害			🐞	🐞	🐞	🐞	🐞	🐞	🐞	🐞	🐞	
繁殖			🌰	🌱	🌱	🌱	🌱					
修剪				✂	✂	✂	🌻	🌻	🌻			

🌱 种植小贴士

1

3—5月播种，播后覆盖细薄沙土，喷足水后盖膜保湿，7 ～ 10 天即可出苗。扦插育苗，4—7月选10 ～ 12cm健壮成苗嫩枝为穗，约 20 天生根后即可移植。

2

生长适温 18 ～ 25℃，低于 10℃会冻伤。喜光，耐半阴，夏季暴晒时可适当遮阴。

3

忌盐碱，以排水良好、通风透气的砂质或富含腐殖质的土壤为好。

4

忌湿怕涝，避免浇水过多，雨淋后植株易腐烂，雨季要注意排水。

5

摘心

幼苗期打顶、摘心促进分枝，4 ～ 6 片真叶时第一次摘心，反复摘心 4 ～ 5 次以获得良好株型。花后及时摘除种荚，平时修剪生长不良、过密的枝叶，提高植株间的通风性。

6

修剪后施用缓释复合肥促进枝条生长，花期前施磷钾肥。

7

长时间下雨、通风不良容易感病。

非洲菊

Gerbera jamesonii

【花期】11月至翌年4月
【别名】扶郎花

【株高】30～40cm
【生长类型】宿根花卉

快乐　坚强

【科属】菊科非洲菊属
【适应地区】华北地区需覆盖越冬，南方地区可露天过冬

【观赏效果】花色艳丽、明亮，花朵硕大，花姿挺拔，开花不断，具有极高的观赏价值，丛植于庭院，布置花境、装饰草坪边缘等均有较好的效果。

市场价位：★★☆☆☆	**光照指数：**★★★★★	**施肥指数：**★★★★☆
栽培难度：★☆☆☆☆	**浇水指数：**★★★☆☆	**病虫指数：**★★☆☆☆

月份	1月	2月	3月	4月	5月	6月	7月	8月	9月	10月	11月	12月
全年花历												
生长期	❀	❀	❀	❀	🌱	🌱	🌱	🌱	🌱	🌱	❀	❀
光照	☀	☀	☀	☀	☀	☀	☀	☀	☀	☀	☀	☀
浇水	💧	💧	💧	💧	💧	💧	💧	💧	💧	💧	💧	💧
施肥			◆	◆	◆	◆	◆	◆	◆			
病虫害	🐞	🐞	🐞	🐞	🐞	🐞	🐞	🐞	🐞	🐞	🐞	🐞
繁殖			🌰	🌰	🌰				🌰	🌰		
修剪			✂	✂			✂	✂				

🌱 种植小贴士

1 购买小苗、带花盆栽或种子种植。可春播或秋播，将种子均匀播撒在排水性能良好的介质中，不覆土或覆薄土，播种后 7 ~ 10 天发芽，移至向阳处，长出 2 片真叶时选用疏松肥沃的土壤定植。

2 施足基肥，生长期要不断追肥，以氮肥为主，现蕾期补充磷钾肥。

3 生长适温 20 ~ 25℃，喜光，在短日照的冬季，需要人工补充光照。

叶丛不要沾水

4 稍耐旱，浇水"见干见湿，浇则浇透"。注意不要使叶丛中心沾水，防止花芽腐烂。

疏叶

5 适当疏叶，每枝留 3 ~ 4 片功能叶，及时清除基生叶丛下部枯黄叶片。

风铃草

Campanula medium

✳

祝福　感谢　牵挂

【株高】40～50cm
【生长类型】二年生草本

【花期】5—6月
【别名】钟花、瓦筒花

【科属】桔梗科风铃草属
【适应地区】全国各地均可栽培，但华南地区夏秋季不适合种植

【观赏效果】生长繁茂，花大色艳，娴静柔美，为著名的庭园植物，世界各地广为种植。最适于配植花圃、庭院等处，或用于花境与其他观花植物一起种植。

市场价位：★ ★ ★ ☆ ☆ | 光照指数：★ ★ ★ ★ ★ | 施肥指数：★ ★ ★ ☆ ☆
栽培难度：★ ★ ★ ☆ ☆ | 浇水指数：★ ★ ☆ ☆ ☆ | 病虫指数：★ ★ ★ ★ ☆

全年花历												
月份	1月	2月	3月	4月	5月	6月	7月	8月	9月	10月	11月	12月
生长期	🌿	🌿	🌿	🌿	🌸	🌸	🌿	🌿	🌿	🌿	🌿	🌿
光照	☀	☀	☀	☀	☀	☀	☀	☀	☀	☀	☀	☀
浇水	💧	💧	💧	💧	💧	💧	💧	💧	💧	💧	💧	💧
施肥			▼	▼	▼	▼	▼		▼	▼	▼	
病虫害	🐞	🐞	🐞	🐞	🐞	🐞	🐞	🐞	🐞	🐞	🐞	🐞
繁殖			🌰	🌰				🌰	🌰			
修剪					✋	✋				✋	✋	

🌱 种植小贴士

1

春、秋季均可播种繁殖，一般种后5～6个月开花，可根据开花时间确定播种时间，北方需室内育苗以安全越冬。

2

摘心

可在幼苗长至6～8cm时摘心以矮化植株，增加侧枝及花朵数量。

3

对土壤要求不严，但以含丰富腐殖质、疏松透气、排水良好的砂质土壤为好。生长旺盛期每15天施一次稀薄液肥，花前增施磷钾肥，冬季和盛夏应停止施肥。

4

属长日照植物，喜夏季凉爽、冬季温和的气候，低于2℃或高于28℃均对植株生长不利。

5

忌水湿

喜干，耐旱，忌水湿。浇水"间干间湿"。

光叶子花
Bougainvillea spectabilis

❀

热情
坚韧不拔

【株高】可达 2.5m

【生长类型】常绿攀援状灌木

【花期】几乎全年

【别名】簕杜鹃、三角梅、宝巾

【科属】紫茉莉科叶子花属

【适应地区】南方地区广泛分布，北方地区需室内越冬

【观赏效果】花量大，色彩鲜艳，花期长，耐修剪，可制作成各种造型。攀爬于栅栏和山石、园墙、廊柱，花开时满园灿烂。

市场价位：★★★☆☆　　光照指数：★★★★★　　施肥指数：★★★☆☆

栽培难度：★☆☆☆☆　　浇水指数：★★★★☆　　病虫指数：★★☆☆☆

全年花历												
月份	1月	2月	3月	4月	5月	6月	7月	8月	9月	10月	11月	12月
生长期	❀	❀	❀	🍃	🍃	❀	🍃	🍃	🍃	❀	❀	❀
光照	☀	☀	☀	☀	☀	☀	☀	☀	☀	☀	☀	☀
浇水	💧	💧	💧	💧	💧	💧	💧	💧	💧	💧	💧	💧
施肥			🧴	🧴	🧴	🧴	🧴	🧴	🧴	🧴		
病虫害				🐞	🐞	🐞	🐞	🐞	🐞			
繁殖					✂	✂	🌱					
修剪		✂				✂						

🪏 种植小贴士

1
购买盆栽，选用肥沃、排水良好的土壤种植。采用扦插、压条繁殖，保持母株的优良性状。

2
4—7月生长旺盛期每7～10天施肥一次，花前增施磷钾肥，花后追肥一次。气温变低则应控肥。

3
忌积水

保持泥土湿润，避免积水。长势旺或不开花的植株，实行干、湿交替处理，待枝梢上较多叶片出现凋萎时再浇水，可促使花芽形成和尽早开花。

4
生长适温15～30℃，喜光，阳光不足开花少或落叶。

5
枝叶生长速度快，生长期要注意整形修剪，每年1～3次。花期过后要对过密枝条、弱势枝条进行轻剪。

轻剪

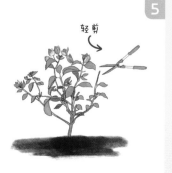

旱金莲

Tropaeolum majus

❋

炙热爱情
活泼乐观

【株高】30 ~ 70cm
【生长类型】多年生半蔓生植物

【花期】6—10月
【别名】旱莲花、荷叶七

【科属】旱金莲科旱金莲属
【适应地区】北方地区 5℃以下需室内越冬，常作一、二年生栽培

【观赏效果】叶肥花美，叶形如碗莲，花朵形态奇特，腋生呈喇叭状，茎蔓柔软，花叶同赏，可盆栽或作为吊盆装饰墙面、花架。

市场价位：★★☆☆☆　　光照指数：★★★★☆　　施肥指数：★★☆☆☆
栽培难度：★★☆☆☆　　浇水指数：★★☆☆☆　　病虫指数：★★☆☆☆

月份	1月	2月	3月	4月	5月	6月	7月	8月	9月	10月	11月	12月
全年花历												
生长期	🍃	🍃	🍃	🍃	🍃	✿	✿	✿	✿	✿	🍃	🍃
光照	☀	☀	☀	☀	☀	☀	●	☀	●	☀	☀	☀
浇水	💧	💧	💧	💧	💧	◆	◆	◆	💧	💧	💧	💧
施肥			♦	♦	♦	♦	♦	♦	♦	♦	♦	♦
病虫害				🪲	🪲		🪲	🪲	🪲			
繁殖			🌱						🌱			
修剪			✋	🌿					✂			

1

购买盆栽或种子，选用含丰富腐殖质、疏松透气、排水良好的土壤，栽植于通风良好的位置。可在春、秋季播种，点播，覆土 1cm 左右，浇透水并保持湿润，长出 2 ～ 3 片真叶时摘心上盆。

2

喜湿怕涝，保持土壤微微潮湿，生长期间小水勤浇，开花后减少浇水，防止枝条旺长。

3

磷酸二氢钾

薄肥勤施，春、夏、秋三季可施磷酸二氢钾等促花肥料，开花期间停施氮肥。

4

生长适温 18 ～ 24℃，冬、春、秋季需充足光照，夏季盆栽忌烈日暴晒。

5

小苗时打顶促发侧枝，成株期要修剪横生枝节的藤蔓，高出盆面 15 ～ 20cm 时需设立支架，把蔓茎绑在支架上，使叶面朝一个方向。

花毛茛
Ranunculus asiaticus

❀

受欢迎

【株高】30～40cm
【生长类型】球根花卉

【别名】芹菜花、波斯毛茛、陆莲花
【花期】4—5月

【科属】毛茛科毛茛属
【适应地区】华北地区需室内越冬，长江流域地区可露天过冬

【观赏效果】花形优美，色彩夺目，有黄、红、白、橙、紫、栗色等，可配置于素雅的花境中，增添活泼气息。单瓣花纤细、重瓣花艳丽奔放，具有很好的观赏价值。

市场价位: ★★★☆☆　　光照指数: ★★★★☆　　施肥指数: ★☆☆☆☆
栽培难度: ★★★☆☆　　浇水指数: ★★☆☆☆　　病虫指数: ★★★☆☆

全年花历												
月份	1月	2月	3月	4月	5月	6月	7月	8月	9月	10月	11月	12月
生长期	🌱	🌱	🌱	✿	✿	🌱	🌑	🌑	🌑	🌑	🌱	🌱
光照	☀	☀	☀	☀	☀	☀			☀	☀	☀	
浇水	💧	💧	💧	💧	💧	💧			💧	💧	💧	
施肥			🧴		🧴							
病虫害	🪲	🪲	🪲	🪲	🪲	🪲			🪲	🪲	🪲	
繁殖									🌷🌰	🌷🌰		
修剪				✂✿	✋	✂						

🛠 种植小贴士

1

首次种植可采购种球或种子于9—10月进行。干燥的球根用灭菌灵消毒后进行催芽处理，用湿沙埋好球根，爪子朝下，保鲜膜包好放冰箱3周后挖出来，催出芽点后种于疏松、排水良好的土壤。栽植不宜过深，埋住根茎部位、露出芽点即可。盆栽忌小球种大盆。

2

也可露地播种，播后2～3周发芽，保持土壤湿润，当出现2～5片真叶时可分栽。

3

生长适温10～20℃，喜阳，忌高温多湿，保持通风。

4

忌积水，苗期、花期保证土壤湿润，花后减少浇水，地上部位发黄枯萎时停止浇水。

忌积水

5

平日养护需肥不多，土表适量撒入颗粒缓释肥即可。花后及时摘去残花，多晒，追肥使植株复壮，利于块根发育。土壤干透后起球，用透气网袋装起来挂在通风处晾干，放阴凉处保存。

缓释肥

剪去残花

角堇
Viola cornuta

❀

沉思　快乐

【株高】10～30cm
【生长类型】多年生草本

【花期】11月至翌年5月
【别名】小三色堇

【科属】堇菜科堇菜属
【适应地区】华北地区需室内越冬，华南地区可露地越冬

【观赏效果】植株低矮，花茎纤细直立，花色丰富，花朵轻盈且对比强烈，栽植于庭院之中，能为萧条的冬季和早春增添一抹亮色和春意。

市场价位: ★ ☆ ☆ ☆ ☆　　光照指数: ★ ★ ★ ★ ★　　施肥指数: ★ ★ ★ ☆ ☆
栽培难度: ★ ★ ☆ ☆ ☆　　浇水指数: ★ ★ ★ ☆ ☆　　病虫指数: ★ ★ ☆ ☆ ☆

全年花历

月份	1月	2月	3月	4月	5月	6月	7月	8月	9月	10月	11月	12月
生长期	花	花	花	花	花	芽	种	种	种	芽	花	花
光照	☀	☀	☀	☀	☀	☀	☀	☀	☀	☀	☀	☀
浇水			💧	💧	💧	💧	💧	💧	💧			
施肥			肥	肥	肥					肥	肥	
病虫害			虫	虫	虫	虫	虫	虫	虫			
繁殖								种	种			
修剪		剪	剪	剪	剪					手		

种植小贴士

1

秋、冬季节购买小苗或种子种植，选用肥沃、排水良好、富含有机质的中性壤土，种植于通风良好的位置。

2

喜肥，生长期勤施薄肥，7～10天施肥一次即可，冬季少施肥。

3

喜阳光充足，播种后小苗长出2～3片真叶时逐渐增加光照，每天要不少于4小时的直射日光。生长适温10～15℃，5℃以下或30℃以上生长抑制。需水量不多，"见干见湿"。

4

小苗期适当打顶、摘除花苞促进分枝，盛花期过后增施一次磷钾肥，及时剪掉授粉失败的残花，利于收集种子。

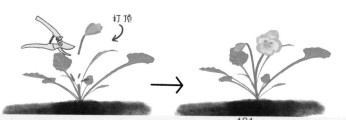

打顶

5

不耐高温，花后不易度夏，入夏后可安置于通风凉爽处养护，或作一、二年生栽培。

金鱼草
Antirrhinum majus

❀

纯洁的心
活泼热闹

【株高】40～70 cm
【生长类型】多年生草本

【花期】6—10月
【别名】龙头花、狮子花

【科属】玄参科金鱼草属
【适应地区】北方大部分地区作一年生栽植

【观赏效果】株型整齐，花姿奇特，一串一串开花，犹如小金鱼游动一般，灵动而有生机，因而得名。片植、丛植于庭院，观赏效果较好。

市场价位：★★☆☆☆　　光照指数：★★★★☆　　施肥指数：★★★☆☆
栽培难度：★★☆☆☆　　浇水指数：★★★☆☆　　病虫指数：★★☆☆☆

月份	1月	2月	3月	4月	5月	6月	7月	8月	9月	10月	11月	12月
生长期	🌱	🌱	🌱	🌱	🌱	🌸	🌸	🌸	🌸	🌸	🌱	🌱
光照	☀	☀	☀	☀	☀	☀	☀	☀	☀	☀	☀	☀
浇水	💧	💧	💧	💧	💧	💧	💧	💧	💧	💧	💧	💧
施肥			🧪	🧪	🧪			🧪			🧪	
病虫害						🐞	🐞	🐞		🐞		
繁殖			🌰	🌰	🌰	🌰	🌰	🌰	🌰	🌰		
修剪				✋	✋		✂			✂		

全年花历

🔨 种植小贴士

1

高锰酸钾溶液

1~2h

春、夏、秋季皆可播种。播种前用 0.5% 高锰酸钾溶液浸泡种子 1 ～ 2 小时，播种时可用细砂混匀种子后撒播，不需覆土或只覆薄土。浇水时注意防止冲散种子，4 ～ 6 片真叶时摘心移植。

2

摘心

幼苗摘心，生长期修剪弱枝、老枝，花谢后及时剪去开过花的枝条，留下若干骨干枝及叶片，促使新枝萌发、开花。

3

选择肥沃疏松和排水良好的微酸性砂质壤土，种植于阳光充足的环境中，夏季适当遮阴。生长适温 16 ～ 26℃，－5℃以下易冻死。

4

耐湿怕干，浇水"见干见湿"。

5

薄肥勤施，生长期追施复合液肥，花期前改用磷钾肥，开花期停止施肥。

菊花

Chrysanthemum × morifolium

❀

高洁傲视
淡泊名利

【株高】0.3 ～ 1.5m

【生长类型】宿根花卉

【花期】10—12月，也有的全年开花

【别名】黄花、金蕊

【科属】菊科菊属
【适应地区】全国各地均可栽培

【观赏效果】中国十大名花之一，与梅、兰、竹组成花中四君子，也是世界四大切花之一。品种繁多、花色丰富，植株外形美观秀丽，被赋予高洁品性。

市场价位：★★★☆☆   光照指数：★★★★★   施肥指数：★★★☆☆
栽培难度：★★☆☆☆   浇水指数：★★★☆☆   病虫指数：★★★☆☆

月份	1月	2月	3月	4月	5月	6月	7月	8月	9月	10月	11月	12月
全年花历												
生长期	🌿	🌿	🌿	🌿	🌿	🌿	🌿	🌿	🌿	🌸	🌸	🌸
光照	☀	☀	☀	☀	☀	☀	☀	☀	☀	☀	☀	☀
浇水	💧	💧	💧	💧	💧	💧	💧	💧	💧	💧	💧	💧
施肥			🛢	🛢	🛢	🛢	🛢	🛢	🛢	🛢	🛢	🛢
病虫害			🐞	🐞	🐞	🐞	🐞	🐞	🐞	🐞		
繁殖		🌱	🌱									
修剪											✂	✂

🛠 种植小贴士

1
购买盆栽种植，栽植在肥沃、地势高、排水良好的土壤上，忌连作。

2
以扦插繁殖为主，也可分株。剪去开过花的茎上部，待长出侧芽，长到 8 ～ 10cm 时可作插穗，插后 15 天左右可发根，发根幼苗 1 周内移植。

3

喜阳光充足、通风良好的环境，生长适温 18 ～ 25℃。

4

早晨或是晚上浇水，一次浇透，保持盆土湿润偏干，不要积水。

5

定植前施足基肥，幼苗期主要用氮肥，花期主要施用磷肥和钾肥。

6
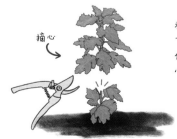
移植缓苗后及时摘心，只留下部 5 ～ 6 片叶，摘心数次，但 7 月底至 8 月初要停止摘心，以免影响花芽分化。

摘心

六倍利

Lobelia erinus

可怜　同情

【科属】桔梗科半边莲属
【适应地区】北方地区需室内越冬

【株高】20～30cm
【生长类型】多年生草本

【花期】4～6月（春播夏季开花）
【别名】南非山梗菜

【观赏效果】品种繁多，开花时呈现膨胀的圆形状态，花量极大，植株几乎被花朵占满，为优良的观花植物。可盆栽观赏，也可作垂直绿化种植于花架，或用于花境。

| 市场价位: ★★☆☆☆ | 光照指数: ★★★★★ | 施肥指数: ★★★☆☆ |
| 栽培难度: ★★★☆☆ | 浇水指数: ★★★☆☆ | 病虫指数: ★★☆☆☆ |

月份	1月	2月	3月	4月	5月	6月	7月	8月	9月	10月	11月	12月
全年花历												
生长期	🌱	🌱	🌱	✿	✿	✿	🍒		🌰	🌰	🌱	🌱
光照	☀	☀	☀	☀	☀	☀	☀		☀	☀	☀	☀
浇水	💧	💧	💧	💧	💧	💧	💧		💧	💧	💧	💧
施肥	◇	◇	◇	◇	◇	◇	◇	◇	◇	◇	◇	◇
病虫害				🐞	🐞	🐞	🐞	🐞	🐞	🐞	🐞	
繁殖									🌰	🌰	🌰	
修剪	✂	✂	✂					✋			✋	✂

🛠 种植小贴士

1 多作一年生栽培，一般秋季播种。种子细小，可混入细砂再行播种，适温 22℃时约 20 天发芽。也可以取 5cm 嫩枝条插于湿润种植土中，约 2 周能生根移植。

2 性喜温暖，耐寒力弱，也忌酷热。喜光，属长日照植物，不耐荫蔽。

3 喜湿润环境，浇水"见干见湿"，保持盆土湿润即可。

4 液肥　喜疏松及肥沃的壤土。除基肥外，每 2 周追施一次液肥，花前补充磷钾肥。

5 摘心　生长期间摘心，可促进多发分枝和花芽。

毛地黄
Digitalis purpurea

❋

暗恋　热爱

【花期】5—6月
【别名】自由钟、洋地黄

【株高】0.6～1.2m
【生长类型】一年或多年生草本

【科属】玄参科毛地黄属
【适应地区】北方地区过冬需冷床保护，南方地区可露天过冬

【观赏效果】花形特别，犹如一个个小铃铛，惹人喜爱。花序挺拔，花色极其丰富，是花境中优良的竖线条材料，在庭院丛植效果较好。

市场价位: ★ ★ ★ ☆ ☆
栽培难度: ★ ★ ★ ☆ ☆

光照指数: ★ ★ ★ ★ ☆
浇水指数: ★ ★ ☆ ☆ ☆

施肥指数: ★ ★ ☆ ☆ ☆
病虫指数: ★ ★ ☆ ☆ ☆

全年花历												
月份	1月	2月	3月	4月	5月	6月	7月	8月	9月	10月	11月	12月
生长期	●	●	●	●	●	●	●	●	●	●	●	●
光照	●	●	●	●	●	●	●	●	●	●	●	●
浇水	●	●	●	●	●	●		●	●	●	●	●
施肥	●	●	●	●	●	●		●	●	●	●	●
病虫害			●	●	●	●				●	●	
繁殖								●	●			
修剪						●	●					

🪏 种植小贴士

1　喜冷凉，高温生长缓慢，超过35℃会枯萎。北方地区春播或购买小苗栽种，南方地区宜晚秋播种或在春天购买开花盆栽。

2　宜播种于疏松肥沃土壤中，生长适温 10 ~ 25℃，如播种时间过迟，则翌春不能开花或少数开花。初期生长缓慢，长出 3 ~ 5 片真叶之后可定植，株距 30cm。老株可分株繁殖。

3　生长期见干即浇透，忌积水，花期需水量增加，冬季土壤以稍干微润为好。

忌积水

4　定植时施基肥，生长期薄肥勤施，以氮磷钾复合肥为主。

氮磷钾复合肥

5　喜光、耐半阴，夏季不宜暴晒，应尽量创造通风、湿润、凉爽的环境。

6　第一波花朵凋谢之后剪掉花枝，可促进新枝长出、开花。种子干燥后采集。

剪去花枝

千日红

Gomphrena globosa

❋

永恒的爱

【株高】20～60cm
【生长类型】一年生草本

【花期】7—10月
【别名】百日红、火球花

【科属】苋科千日红属
【适应地区】热带和亚热带地区常见，长江以南普遍种植

【观赏效果】花色艳丽，盛开时宛如繁星点点，灿烂多姿。花干后而不凋，经久不变，因而得名千日红，是优良的庭院花卉。

市场价位: ★ ☆ ☆ ☆ ☆　　光照指数: ★ ★ ★ ★ ☆　　施肥指数: ★ ★ ☆ ☆ ☆

栽培难度: ★ ★ ☆ ☆ ☆　　浇水指数: ★ ★ ☆ ☆ ☆　　病虫指数: ★ ☆ ☆ ☆ ☆

月份	1月	2月	3月	4月	5月	6月	7月	8月	9月	10月	11月	12月
全年花历												
生长期				🌱	🌿	🌿	✿	✿	✿	✿		
光照				☀	☀	☀	☀	☀	☀	☀		
浇水				💧	💧	💧	💧	💧	💧	💧		
施肥				🧴	🧴	🧴	🧴	🧴	🧴			
病虫害					🐞	🐞	🐞					
繁殖				🌰	🌰	🪴	🪴					
修剪						✋		✂	✂	✋	✋	

🛠 种植小贴士

1 可购买盆栽或种子种植。春播，对土壤要求不高。气温20℃以上即可播种，可先浸种2天催芽，约2周出苗，6月定植。

2 喜阳光，保证每天不少于4小时直射阳光，生长适温20～25℃。

3 耐干热，40℃以下也能生长良好，不耐寒，低于10℃会受冻害。怕涝，要控制浇水，保持土壤微潮不完全干透即可。花芽分化后适当增加浇水量。

4 定植时施足基肥，生长旺盛阶段每2周追施一次稀薄液肥，花期停止施肥。

5 耐修剪，苗高15cm时摘心1～2次，以促发分枝。花期不断摘除残花，可促发侧枝继续孕蕾开花。

6 苗期易发立枯病，可用杀菌剂处理苗床预防，或对病株灌根治疗。

肾茶

Orthosiphon aristatus

❀

助人为乐

【株高】1～1.5m

【生长类型】多年生草本

【花期】5—11月

【别名】猫须草、猫须公

【科属】唇形科鸡脚参属
【适应地区】华南地区可露地栽培

【观赏效果】花形独特，俏皮可爱，因其纤长的花丝酷似小猫的胡须而得名。花色淡雅，花期长达半年，四季常绿，姿态飘逸，富有野趣。

市场价位：★★★☆☆　　光照指数：★★★★☆　　施肥指数：★★☆☆☆

栽培难度：★★★☆☆　　浇水指数：★★★☆☆　　病虫指数：★★☆☆☆

月份	1月	2月	3月	4月	5月	6月	7月	8月	9月	10月	11月	12月
生长期	🌱	🌱	🌱	🌱	✿	✿	✿	✿	✿	✿	✿	🌱
光照	☀	☀	☀	☀	☀	●	●	●	☀	☀	☀	☀
浇水	◇	◇	◆	◆	◆	◆	◆	◆	◆	◇	◇	◇
施肥	🧪	🧪	🧪	🧪	🧪	🧪	🧪	🧪	🧪	🧪	🧪	🧪
病虫害			🪲	🪲	🪲		🪲	🪲				
繁殖				🌰	🌰	🌰						
修剪							✂	✂	✂	✂	✂	✂

全年花历

🔨 种植小贴士

1

购买盆栽种植。宜选用疏松肥沃、排水良好的中性或微酸性土壤。也可扦插繁殖，老枝、嫩枝、多节、单节插后均能生根。

2

生长适温 18～25℃，喜光照充足的环境，烈日需要遮阳，放置在散射光的环境下生长。

3

积水

积水会引起烂根，浇水"见干见湿"，生长期每3天左右浇水一次。

4

钾肥和氮肥

遵循"淡肥勤施、量少次多、营养齐"的施肥原则，每月施肥一次，以钾肥和氮肥为主，施肥过后要保持叶片和花朵干燥。

5

修剪残花

花后修剪残花，亦可采种，随采随播。

蜀葵

Alcea rosea

梦

【株高】1～1.8m

【生长类型】宿根花卉

【花期】6—8月

【别名】一丈红、戎葵、斗篷花

【科属】锦葵科蜀葵属

【适应地区】华北、华南地区皆可露地越冬

【观赏效果】世界名花，花色丰富，花大色艳，给人清新的感觉，深受人们喜爱。植株高大，适合庭院种植，初夏时节开始吐红露粉，不久便繁花似锦。

市场价位：★★★☆☆　　光照指数：★★★★★　　施肥指数：★★☆☆☆

栽培难度：★★☆☆☆　　浇水指数：★★★☆☆　　病虫指数：★★☆☆☆

月份	1月	2月	3月	4月	5月	6月	7月	8月	9月	10月	11月	12月
生长期	▓	▓	🌱	🌱	🌱	✾	✾	✾	🌱	🌱	🌱	▓
光照	☀	☀	☀	☀	☀	☀	☀	☀	☀	☀	☀	☀
浇水	💧	💧	💧	💧	💧	💧	💧	💧	💧	💧	💧	💧
施肥			◆	◆	◆	◆	◆	◆				
病虫害			🪲	🪲			🪲	🪲				
繁殖			🌰	🌰			🌰	🌰			🪴	🪴	
修剪			✋	✋			✂	✂				

全年花历

🔨 种植小贴士

1
购买种子种植，可春播或秋播，次年开花。选用肥沃、深厚、排水良好的土壤，可露地直播，无需覆土，但播种苗2～3年后会出现生长衰退现象。

2
生长适温20～30℃，喜光，耐半阴，小苗稍做遮阴。

3

喜湿润，但忌涝，稍耐旱，浇水"见干见湿"，夏季适当增加浇水次数，雨季注意排水。
忌涝

4

幼苗生长期施2～3次液肥，以氮肥为主，形成花芽后追施一次磷钾肥。

5

生长期适当修剪底部的老叶，以增强底部的通风性，减少病虫害或烂根。

6

剪枝
花后可采种，不采种应及时修剪残花。花期结束可将地上部分剪掉，可萌发新芽。

蒜香藤
Mansoa alliacea

❀

互相思念

【株高】约1m

【生长类型】常绿藤状灌木

【花期】多次开花，9—10月最盛

【别名】紫铃藤、张氏紫葳

【科属】紫葳科蒜香藤属
【适应地区】华南地区可露地栽培

【观赏效果】枝叶疏密有致，揉之有蒜味，花多色艳，能随着时间推移而变色。刚开花时为粉紫色，慢慢转为粉红色，最后变成白色。病虫害少，可作为篱笆、围墙美化或凉亭、棚架装饰之用。

市场价位: ★★★★☆	光照指数: ★★★★★	施肥指数: ★★☆☆☆
栽培难度: ★☆☆☆☆	浇水指数: ★★★☆☆	病虫指数: ★☆☆☆☆

月份	1月	2月	3月	4月	5月	6月	7月	8月	9月	10月	11月	12月
全年花历												
生长期	🍃	🍃	🍃	🍃	🌸	🌸	🌸	🌸	🌸	🌸	🍃	🍃
光照	☀	☀	☀	☀	☀	☀	☀	☀	☀	☀	☀	☀
浇水	💧	💧	💧	💧	💧	💧	💧	💧	💧	💧	💧	💧
施肥			🧂	🧂	🧂	🧂	🧂	🧂	🧂	🧂		
病虫害												
繁殖			🌱	🌱	🌱	🌱	🌱					
修剪						✂🌼	✂🌼	✂🌼	✂🌼	✂🌼	✂	

种植小贴士

1 购买健壮盆栽，选用疏松肥沃的微酸性砂质壤土，在向阳背风、排水良好之处摆放。于春、夏两季进行扦插、压条繁殖。

2 生长适温 18～35℃，低于 10℃停止生长，低于 5℃易冻伤。喜光照充足、温暖的气候环境，光线不足则生长不良或不开花。

3 浇水不宜过量，夏季土壤干燥时及时浇水，盆栽要天天浇水。冬天浇水量适当减少。

4 氮磷钾复合肥

喜天然有机肥，定植时施入腐熟肥料，成熟后每月施用一次氮磷钾复合肥。

5 修剪整形

花后除掉败花，适当修剪枝叶，剪除徒长枝、交叉枝、重叠枝等。

天竺葵

Pelargonium hortorum

✿

幸福就在身边

【株高】30～50cm

【生长类型】宿根花卉作一、二年生栽培

【花期】5—7月，部分地区四季有花

【别名】洋绣球、洋葵、石腊红

【科属】牻牛儿苗科天竺葵属
【适应地区】北方地区 0℃以下需室内越冬

【观赏效果】植株低矮，株丛紧密，花团锦簇，花期长，有的品种的叶片会有特别的颜色和纹路，色彩斑斓，花、叶都具观赏性。

市场价位: ★★★☆☆	光照指数: ★★★★☆	施肥指数: ★★☆☆☆
栽培难度: ★★☆☆☆	浇水指数: ★★☆☆☆	病虫指数: ★☆☆☆☆

全年花历												
月份	1月	2月	3月	4月	5月	6月	7月	8月	9月	10月	11月	12月
生长期	🍃	🍃	🍃	🍃	❀	❀	❀	▨	▨	🍃	🍃	🍃
光照	☀	☀	☀	☀	☀	●	●	●	☀	☀	☀	☀
浇水	💧	💧	💧	💧	💧	💧	💧	💧	💧	💧	💧	💧
施肥				🧴	🧴	🧴	🧴	🧴	🧴			
病虫害					🪲	🪲	🪲	🪲				
繁殖			🌱	🌱					🏴	🏴		
修剪							✂	✂	✂	✂		

🛠 种植小贴士

1

秋季购买小苗或带花盆栽种植，种植在肥沃、排水好的土壤中。以扦插繁殖为主，春、秋季均可，也可播种繁殖。

2

生长适温 10～20℃。喜阳光充足，光照不足易茎叶徒长、花梗细软、花序发育不良、不开花或花蕾提前枯萎。夏季高温时稍做遮阴。

3

忌水过多

喜干忌湿，忌浇水过多，避免长期潮湿，遵循"见干见湿"的浇水原则。

4

不喜大肥，薄肥勤施即可。

5

剪去残花

幼苗长到 10cm 定植成活后摘心一次，花后及时除去残花有利于花期延长，疏剪黄叶、老叶利于通风。

铁线莲类

Clematis spp.

❋

高洁 优雅

【长度】可达 3m
【生长类型】落叶或常绿草质藤本

【别名】番莲、大花铁线莲
【花期】春、夏季

【科属】毛茛科铁线莲属
【适应地区】-20℃以下地区需覆盖越冬

【观赏效果】品种多，开花时有芳香气味，枝叶浓密，花大色艳，被评为"藤本花卉皇后"，深受人们喜爱。可种植于墙边、窗前，或依附于乔灌木之旁，配植于假山、岩石之间。

市场价位: ★ ★ ★ ★ ★
栽培难度: ★ ★ ★ ★ ☆
光照指数: ★ ★ ★ ★ ☆
浇水指数: ★ ★ ★ ☆ ☆
施肥指数: ★ ★ ★ ☆ ☆
病虫指数: ★ ★ ☆ ☆ ☆

全年花历												
月份	1月	2月	3月	4月	5月	6月	7月	8月	9月	10月	11月	12月
生长期	🟤	🟤	🌱	🌸	🌸	🌸	🌸	🌸	🍃	🍃	🍃	🟤
光照	☀	☀	☀	☀	☀	☀	☀	☀	☀	☀	☀	☀
浇水	💧	💧	💧	💧	💧	💧	💧	💧	💧	💧	💧	💧
施肥	施肥	施肥	施肥	施肥	施肥	施肥	施肥	施肥	施肥	施肥	施肥	施肥
病虫害			🪲	🪲	🪲	🪲	🪲	🪲	🪲	🪲		
繁殖			🌱	🌱	🌱				🌱	🌱		
修剪	✂	✂	✂					✂				

🪏 种植小贴士

1 购买盆栽种植。喜肥沃、排水良好的碱性壤土，忌积水或夏季干旱而不保水的土壤。

2 生长适温15～28℃，耐寒性强，大部分品种冬季休眠落叶。

3 喜阳，不同品种对光照要求不同，每天至少需要4小时直射阳光。夏季适当遮阴。

忌涝

4 肉质根，喜湿怕涝，土表不干不浇水，雨季做好排水措施。

5 薄肥多施，生长旺季追施复合肥2～3次。地栽施足底肥，小苗忌用有机肥。

6 加强通风，适当使用杀菌剂预防病虫害。

杀菌剂

7 播种苗摘心促分枝，设架固定。成年植株每年疏剪一次。花后弱剪（在花下方2～3节），休眠期修剪分为一类不剪、二类轻剪、三类重剪，不同品种修剪方式不同。

五星花

Pentas lanceolata

❈

【株高】30～60cm

【生长类型】亚灌木

【花期】3—10月

【别名】繁星花、埃及众星

幸运

【科属】茜草科五星花属
【适应地区】北方地区冬季移至室内

【观赏效果】花小，形状别致，叶片翠绿可爱，开花时点点小花簇拥犹如满天繁星，令人喜爱。可布置于庭院、走廊、窗台等，具有较好的观赏效果。

市场价位：★★☆☆☆　　光照指数：★★★★★　　施肥指数：★★☆☆☆

栽培难度：★★☆☆☆　　浇水指数：★★☆☆☆　　病虫指数：★☆☆☆☆

月份	1月	2月	3月	4月	5月	6月	7月	8月	9月	10月	11月	12月
全年花历												
生长期	🌱	🌱	🌸	🌸	🌸	🌸	🌸	🌸	🌸	🌸	🌱	🌱
光照	☀	☀	☀	☀	☀	☀	☀	☀	☀	☀	☀	☀
浇水	💧	💧	💧	💧	💧	💧	💧	💧	💧	💧	💧	💧
施肥		▨	▨	▨	▨	▨			▨	▨	▨	
病虫害				🪲	🪲	🪲	🪲	🪲	🪲	🪲		
繁殖			🪴🌰	🪴🌰	🪴🌰							
修剪			✂	✂	✂	✂	✂🌻	✂🌻	✂🌻	✂🌻		

🪏 种植小贴士

1 春播，种子细小，播种于穴盘，10～14 天开始发芽，发芽时需光照，不可覆盖，且应充分浇水。

2 苗高 5cm 时可移植地栽，选用肥沃、排水良好、富含有机质的土壤，栽植于光照充足、通风良好的地方。

3 生长期浇水"见干见湿"，花期增加浇水次数。生长适温 15～25℃，低于 10℃影响开花。

4 施足底肥，生长季每月施复合肥，冬季及夏季温度过高时停止施肥。忌单施氮肥，以防徒长花少。

疏叶　　掐顶

5 长势过旺时要摘除较密的叶片，日常养护摘除枯黄叶。定期掐顶，开完一波花就掐一次（剪掉顶部的嫩茎）。

6 主要有根腐病，叶斑病，蚜虫、红蜘蛛和蜗牛等病虫害，保持通风透光可以防治。

细叶美女樱

Glandularia tenera

❀

相守 和睦家庭

【株高】20～30cm
【生长类型】多年生草本

【花期】4—10月
【别名】羽叶马鞭草、草五色梅

【科属】马鞭草科马鞭草属
【适应地区】北方大部分地区可露地越冬

【观赏效果】植株低矮，茎叶细，花期长，花色多样，花形漂亮，给人清新自然的感觉，片植或与其他植物搭配种植，景观效果均好。

市场价位：★★★☆☆　　光照指数：★★★★★　　施肥指数：★★★☆☆
栽培难度：★★☆☆☆　　浇水指数：★★★☆☆　　病虫指数：★★★☆☆

月份	1月	2月	3月	4月	5月	6月	7月	8月	9月	10月	11月	12月
全年花历												
生长期	🌱	🌱	🌱	✾	✾	✾	✾	✾	✾	✾	🌱	🌱
光照	☀	☀	☀	☀	☀	☀	☀	☀	☀	☀	☀	☀
浇水	💧	💧	💧	💧	💧	💧	💧	💧	💧	💧	💧	💧
施肥	🧪	🧪	🧪	🧪	🧪	🧪	🧪	🧪	🧪	🧪	🧪	🧪
病虫害			🐞	🐞	🐞	🐞	🐞	🐞	🐞	🐞		
繁殖			🌰	🌰	🌰							
修剪		✋	✋		✂	✂	✂	✂	✂	✂		✂

🏗 种植小贴士

1

可购买种子、小苗或盆栽种植，选用疏松肥沃、排水良好的土壤。春播，播后放置于阴暗处，保持土壤和空气湿润，2～3周后出苗。四季可扦插，易成活。

2

生长适温 15～30℃，冬季 -10℃以上可安全宿根越冬。喜光，光照不足易徒长。

3

浇水"见干见湿"，夏季高温时增加浇水次数。根系浅，盆栽可用浸盆的方式补水。

4

生长期内每半月浇一次营养均衡的肥水，花期前改用磷钾肥。

5

小苗长出6片叶子时，采用去2留4的方式修剪，一直打顶到植株丰满，等其开花即可。花败后，将残花及花下2对叶子剪掉，促二次开花。

香彩雀
Angelonia angustifolia

❀

纯真 单纯

【科属】玄参科香彩雀属
【适应地区】华南地区可露地越冬

【株高】40～60cm
【生长类型】多年生草本

【花期】6—9月，高温地区全年开花
【别名】夏季金鱼草、蓝天使

【观赏效果】花型小巧、花色丰富，花量大且开花不断，不留残花，是非常优秀的夏季草花植物，具有较高的观赏价值。养护容易，既可地栽、盆栽，也可容器组合栽植。

市场价位：★★★☆☆　　光照指数：★★★★★　　施肥指数：★★★★☆

栽培难度：★☆☆☆☆　　浇水指数：★★★★☆　　病虫指数：★★☆☆☆

全年花历												
月份	1月	2月	3月	4月	5月	6月	7月	8月	9月	10月	11月	12月
生长期	🌱	🌱	🌱	🌱	🌱	🌼	🌼	🌼	🌼	🌱	🌱	🌱
光照	☀	☀	☀	☀	☀	☀	☀	☀	☀	☀	☀	☀
浇水	💧	💧	💧	💧	💧	💧	💧	💧	💧	💧	💧	💧
施肥	🧴	🧴	🧴	🧴	🧴	🧴	🧴	🧴	🧴	🧴	🧴	🧴
病虫害			🪲	🪲	🪲							
繁殖			🌰	🌰	🌰	🌰	🌰	🌰	🌰			
修剪				👆			🌸✂	🌸✂	🌸✂	🌸✂		

🛠 种植小贴士

1
购买种子或盆栽种植。播种时覆土宜薄，放在有阳光的地方，4～7天发芽，长3～4片叶时选用疏松肥沃的沙壤土定植，定植时施足基肥。

2
生长适温18～28℃，喜强光和通风良好的环境。

3
耐湿性好，生长期需水分充足，不能让土壤长期干旱。

4
生长期每15天施加一次氮钾肥，花前增加磷肥用量，开花过程中需经常施肥，确保开花不断。

剪去残花和老枝

摘心

5
苗期摘心2次，使开花枝达到8～10条。花后将残花和老枝剪掉，追肥，促使新枝萌发、开花。

绣球

Hydrangea macrophylla

✳

希望

【株高】0.5～1m
【生长类型】灌木

【花期】6—8月
【别名】八仙花、草绣球、紫阳花

【科属】绣球花科绣球属
【适应地区】北方部分地区需保护地植，长江以南地区可露天越冬

【观赏效果】花初开白色，渐转粉红或蓝色，大球形，众花怒放，如同雪花压树，妩媚动人。既能地栽于家庭院落、天井一角，也宜盆栽为美化阳台和窗口增添色彩。

市场价位：★★★★☆	光照指数：★★★★☆	施肥指数：★★★★☆
栽培难度：★★☆☆☆	浇水指数：★★★★☆	病虫指数：★★☆☆☆

月份	1月	2月	3月	4月	5月	6月	7月	8月	9月	10月	11月	12月
生长期	🍃	🍃	🍃	🍃	🍃	✿	✿	✿	🍃	🍃	🍃	🍃
光照	☼	☼	☼	☼	☼	☼	●	●	☼	☼	☼	☼
浇水	💧	💧	💧	💧	💧	💧	💧	💧	💧	💧	💧	💧
施肥	◆	◆	◆	◆	◆	◆	◆	◆	◆	◆	◆	◆
病虫害						🪲	🪲	🪲	🪲	🪲	🪲	
繁殖					⚱	⚱						
修剪						✄	✄	✄				

全年花历

🛠 种植小贴士

1

购买小苗或带花植株种植。选用疏松肥沃、排水良好的砂质土壤，种植于半阴有光线照射的地方，种后覆土浇透水。也可在5-6月扦插繁殖。

2

酸性土

碱性土

在酸性土中种植，花呈蓝色，碱性土中呈红色，可于冬季和早春施硫酸铝肥等调色。

3

忌积水

向叶片喷水

4

较喜肥，可在基质中加入控释肥，生长期每周施用一次氮肥或平衡水溶肥，现蕾后施高磷钾肥。植株缺铁容易出现叶片发黄现象，建议施用含微量元素的水溶肥补充。

5

短截

植株长到10～15cm时摘心促腋芽萌发。大多为老枝开花，花后应及时修剪，可短截，保留底部饱满的芽点和粗壮的枝条。

生长适温18～28℃，喜湿怕涝，保持土壤湿润不积水，高温季节每天向叶片喷水。

勋章菊
Gazania rigens
❀

【株高】20～40cm

【生长类型】宿根花卉

【花期】5—10月

【别名】非洲太阳花

荣誉　辉煌

【科属】菊科勋章菊属
【适应地区】北方地区 5℃以下需室内越冬

【观赏效果】花朵绚丽多彩，花心有深色眼斑，因形似勋章而得名。日出而开，日落而闭，富有趣味。花期长，植株紧凑，可片植于花坛镶边或栽植于花钵中。

市场价位：★ ★ ★ ☆ ☆　　光照指数：★ ★ ★ ★ ★　　施肥指数：★ ★ ☆ ☆ ☆

栽培难度：★ ★ ☆ ☆ ☆　　浇水指数：★ ★ ☆ ☆ ☆　　病虫指数：★ ★ ★ ☆ ☆

全年花历

月份	1月	2月	3月	4月	5月	6月	7月	8月	9月	10月	11月	12月
生长期	🌱	🌱	🌱	🌱	🌼	🌼	🌼	🌼	🌼	🌼	🌱	🌱
光照	☀	☀	☀	☀	☀	☀	☀	☀	☀	☀	☀	☀
浇水	💧	💧	💧	💧	💧	💧	💧	💧	💧	💧	💧	💧
施肥			🧪	🧪	🧪	🧪	🧪	🧪	🧪	🧪	🧪	🧪
病虫害			🪲	🪲	🪲	🪲	🪲	🪲	🪲			
繁殖				🌰					🌰			
修剪							✂	✂	✂	✂	✂	

🛠 种植小贴士

1

购买种子或小苗种植。春、秋季可盆播，将种子撒在土壤表面覆细土约 0.6cm，撒播不宜过于密集。播种后保持土壤湿润，注意避光，等到出苗后再移到向阳处，长出 5～6 片真叶时可移栽。

2

生长适温 15～25℃，喜疏松肥沃、富含养分的土壤。喜光，光照不足会导致叶片柔软，花蕾减少。

3

定植时施控释肥，生长期施用氮肥，花蕾萌发前施磷钾肥。

4

稍喜干燥，浇水"见干见湿"，花苞进水易腐烂，应尽量浇到盆土上。

5

修剪残花

花后及时修剪残花，过于密集、拥挤时分株更新。

虞美人
Papaver rhoeas

❀

安慰

【株高】0.3～1m

【生长类型】一、二年生草本

【花期】春播 6—7 月开花，秋播 5—6 月开花

【别名】丽春花、舞草

【科属】罂粟科罂粟属

【适应地区】华北地区需覆盖保护越冬，南方地区可露天过冬

【观赏效果】花色多样，花瓣质薄如绫、光洁似绸，微风吹拂下花梗轻摇，花冠随之翩翩起舞，故有"舞草"的别称。适用于花坛、花境栽植，也可盆栽或做切花。

市场价位: ★★★☆☆   光照指数: ★★★★★   施肥指数: ★★☆☆☆

栽培难度: ★★☆☆☆   浇水指数: ★★☆☆☆   病虫指数: ★★☆☆☆

月份	1月	2月	3月	4月	5月	6月	7月	8月	9月	10月	11月	12月
					全年花历							
生长期		🌱	🌿	🌿	✿	✿	✿					
光照		☀	☀	☀	☀	☀	☀					
浇水		💧	💧	💧	💧	💧	💧					
施肥				🧴								
病虫害		🐞	🐞									
繁殖		🌰	🌰					🌰	🌰			
修剪						✂	✋	✋				

🛠 种植小贴士

1
早春、秋季或立冬播种，从播种到开花要 14～16 周。选阳光充足、排水良好的位置露地直播，种子细小，土壤要整平、打细，播后不覆土或覆薄土。不耐移栽。

2
忌浇水过多

忌积水，幼苗期浇水不宜过多，但需保持湿润。地栽不必经常浇水，盆栽视天气 3～5 天浇水一次。

3
花前追施 2～3 次稀薄液肥，不可过多。地栽越冬前施 2 次薄肥，开花前再施一次液肥。

4
不宜种植于湿热过肥之地，否则易生病。忌连作。

5
剪去枯枝

及时剪去开过花的枯枝，夏季植株枯死后及时拔除残株。

郁金香

Tulipa gesneriana

❀

博爱　体贴

【株高】30～50cm

【生长类型】球根花卉

【花期】3—5月

【别名】洋荷花、郁金

【科属】百合科郁金香属

【适应地区】华北地区需室内越冬，南方地区可露天过冬

【观赏效果】花色丰富，品种繁多，花形优美，有"花中皇后"的美称。开花时十分整齐，且有淡淡的香味，具有很高的观赏价值。

市场价位: ★★★☆☆	光照指数: ★★★★☆	施肥指数: ★★★★☆
栽培难度: ★★★★☆	浇水指数: ★★★☆☆	病虫指数: ★★☆☆☆

全年花历												
月份	1月	2月	3月	4月	5月	6月	7月	8月	9月	10月	11月	12月
生长期												
光照												
浇水												
施肥												
病虫害												
繁殖												
修剪												

🔨 种植小贴士

1

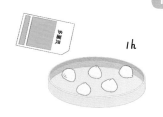

秋、冬种植种球。选健康饱满的种球用多菌灵浸泡杀菌，晾干后种植于背风向阳、疏松肥沃、排水良好的位置，优选微酸性砂质土壤，种植穴深约10cm，密植。

2

压实后浇一次透水，春暖后可发芽。

3

略耐旱，不耐涝，浇水"见干见湿"。

4

栽前施足基肥。建议出芽后在土中施用控释肥，春季每周施用一次水溶肥，花期停肥。

5

花后修剪残花，保留叶片，补充氮肥使植物积蓄能量。叶枯黄后控水，叶片枯萎后起球保存，待秋季再种下。复花性较差，南方地区多作一年生栽培。

鸳鸯茉莉

Brunfelsia brasiliensis

❀

爱我

【株高】可达 1m

【生长类型】常绿小灌木

【花期】3—10月

【别名】二色茉莉、双色茉莉

【科属】茄科鸳鸯茉莉属

【适应地区】华南地区可露地越冬，华东、华北等地需室内越冬

【观赏效果】花朵从刚破蕾的淡紫色逐渐变为白色，先开者已变白，后开者仍为紫色，双色花如鸳鸯一般齐放枝头，散发出茉莉般浓郁的芳香，故名"鸳鸯茉莉"。

市场价位：★★★☆☆　　光照指数：★★★☆☆　　施肥指数：★★★☆☆

栽培难度：★★☆☆☆　　浇水指数：★★★☆☆　　病虫指数：★★☆☆☆

月份	1月	2月	3月	4月	5月	6月	7月	8月	9月	10月	11月	12月
全年花历												
生长期	🌱	🌱	❀	❀	❀	❀	❀	❀	❀	❀	🌱	🌱
光照	☀	☀	☀	☀	☀	☀	●	●	☀	☀	☀	☀
浇水	💧	💧	💧	💧	💧	💧	💧	💧	💧	💧	💧	💧
施肥			◈	◈	◈	◈	◈	◈				
病虫害				🐞		🐞	🐞	🐞	🐞			
繁殖			◓	⚑					⚑			
修剪		✂		✂	✂	✂	✂	✂	✂			

🏷 种植小贴士

1

选购健壮植株，适宜排水良好的微酸性土壤，种植于半阴、散射光充足的地方。

2

3

向叶面喷水

忌涝

喜湿润，怕水涝，浇水"见干见湿"，夏季向叶面喷水保湿，冬季保持盆土干燥。

4

喜温暖，耐半阴，忌烈日暴晒。生长适温 18 ～ 30℃，不宜低于 10℃。

喜肥，薄肥勤施，花谢后追施磷钾液肥，20 天左右喷施一次磷酸二氢钾作为叶面肥。

5

适时修剪老枝、枯枝、干枝、病弱枝等，花谢后及时剪去残花，并将一些长枝条剪去 1/3 ～ 1/2，促使其萌发更多分枝，多开花。秋末花期后，可重剪造型（即每枝留 2 ～ 3 个芽点）。

月季
Rosa chinensis

❀

热恋　初恋　珍贵

【株高】可达1m

【生长类型】常绿、半常绿低矮灌木

【花期】4—9月

【别名】月月红、玫瑰

【科属】蔷薇科蔷薇属
【适应地区】全国各地均可栽培

【观赏效果】世界名花，花大色艳，由内向外呈发散型，有浓郁香气。种类繁多，每一品种都各具美态，惹人喜爱，被广泛应用于庭院美化，可布置花坛、配植花篱或花架等。

市场价位:	★ ★ ★ ☆ ☆	光照指数:	★ ★ ★ ★ ★	施肥指数:	★ ★ ★ ★ ☆
栽培难度:	★ ★ ★ ☆ ☆	浇水指数:	★ ★ ★ ☆ ☆	病虫指数:	★ ★ ★ ★ ☆

全年花历

月份	1月	2月	3月	4月	5月	6月	7月	8月	9月	10月	11月	12月
生长期	🌱(土)	🌱(土)	🌱	🌼	🌼	🌼	🌼	🌼	🌼	🌱	🌱	🌱(土)
光照	☀	☀	☀	☀	☀	☀	☀	☀	☀	☀	☀	☀
浇水	💧(空)	💧(空)	💧	💧	💧	💧	💧	💧	💧	💧	💧	💧(空)
施肥	⬥	⬥	⬥	⬥	⬥	⬥	⬥	⬥	⬥	⬥	⬥	⬥
病虫害	🐞	🐞	🐞	🐞	🐞	🐞	🐞	🐞	🐞	🐞	🐞	🐞
繁殖	⛏	⛏	⛏	⛏	⛏	⛏	⛏	⛏	⛏	⛏	⛏	⛏
修剪	✋	✋		✂🌼	✂🌼	✂🌼	✂🌼	✂🌼	✂🌼			✋

种植小贴士

1 选择带花植株，选用疏松肥沃、富含有机质、微酸性、排水良好的壤土，种植于日照充足、空气流通的位置。

2 全年均可进行扦插繁殖，成活率高。

3 浇水"见干见湿"，生长旺季及花期需增加浇水量。

4 每半月施肥一次，花期增施2～3次磷钾肥。春季萌芽展叶时，施肥浓度不宜过高。

磷钾肥

5 花后及时修剪，单头开花的品种，花后在花下带1～2片叶子剪去；多头开花的品种，先剪先谢的单花，等花谢后再整枝剪去。冬季休眠期修剪造型，根据品种轻剪或重剪。

朱槿

Hibiscus rosa-sinensis

热情奔放

【株高】一般修剪控制高度为 1～1.5m

【生长类型】常绿灌木

【别名】大红花、扶桑

【花期】全年开花，夏秋最盛

【科属】锦葵科木槿属
【适应地区】华北地区需室内越冬，南方地区可露天过冬

【观赏效果】为夏、秋两季重要的观花常绿灌木，有很强的滞尘作用。其品种多样，花色美观大方，花朵有单瓣、复瓣、重瓣之分，呈钟状，具很好的观赏价值，适合庭院种植。

市场价位：★★★★☆　　光照指数：★★★★★　　施肥指数：★★★★☆

栽培难度：★★☆☆☆　　浇水指数：★★★★☆　　病虫指数：★★☆☆☆

月份	1月	2月	3月	4月	5月	6月	7月	8月	9月	10月	11月	12月
生长期	✿	✿	✿	✿	✿	✿	✿	✿	✿	✿	✿	✿
光照	☀	☀	☀	☀	☀	☀	☀	☀	☀	☀	☀	☀
浇水	💧	💧	💧	💧	💧	💧	💧	💧	💧	💧	💧	💧
施肥	🝧	🝧	🝧	🝧	🝧	🝧	🝧	🝧	🝧	🝧	🝧	🝧
病虫害	🪲	🪲	🪲	🪲	🪲	🪲	🪲	🪲	🪲	🪲	🪲	🪲
繁殖				⚓	⚓							
修剪	✂	✂	✂	✋	✋	✂	✂	✂	✂	✂	✂	✋

全年花历

🗲 种植小贴士

1 可购买带花植株种植。春植，插条以一年生半木质化的最好，长约10cm，去下部叶片，切口要平，插于沙床。待根长至3～4cm时，选用疏松肥沃的砂质壤土定植。

2 喜光，光照不足会使花蕾脱落，花朵缩小，花色暗淡。

3 每天浇水一次，夏季早晚各浇一次，浇水要浇透。气候干燥时还需适当喷水以保持空气湿度。

4 生长期每隔10～15天追施一次液肥，较冷地区冬季减少施肥，避免枝叶过度生长，利于过冬。生长适温22～30℃，冬季温度不低于10℃。

花后修剪花枝

5 生长期注意及时摘除顶梢，花后修剪花枝，促进侧枝的生长。

紫罗兰
Matthiola incana

❋

永恒的美与爱、质朴

【花期】4—5月

【别名】草桂花、四桃克、草紫罗兰

【株高】30～70cm

【生长类型】多年生花卉作二年生栽培

【科属】十字花科紫罗兰属
【适应地区】北方低于 -5℃室内越冬

【观赏效果】花朵丰盛，色艳香浓，有白、黄、雪青、紫红、玫瑰红、桃红等色。花期长，适合盆栽或种植于花坛、花境，也可整株采摘作为花束。

市场价位：★★☆☆☆	光照指数：★★★★☆	施肥指数：★★☆☆☆
栽培难度：★★★☆☆	浇水指数：★★☆☆☆	病虫指数：★☆☆☆☆

月份	1月	2月	3月	4月	5月	6月	7月	8月	9月	10月	11月	12月
生长期	幼苗	幼苗	幼苗	花	花	叶	休眠	休眠	休眠	叶	叶	叶
光照	☀	☀	☀	☀	☀	☀	☀	☀	☀	☀	☀	☀
浇水	💧	💧	💧	💧	💧	💧	💧	💧	💧	💧	💧	💧
施肥	●	●	●	●	●		●	●	●			
病虫害				●	●		●	●	●			
繁殖							●	●	●			
修剪				●	●	●						

表头：全年花历

🪏 种植小贴士

1
秋季播种繁殖。种子小，撒播在潮湿、疏松的盆土中，盖上一层薄细土，置于阴凉处，种后不宜浇水，可在土表喷水保持湿润，播后 7 ～ 10 天发芽。

2
直根性强，须根不发达，真叶展开前及时移植，移植时多带宿土，定植株距30cm，种植于肥沃、湿润、深厚的中性或微酸性土壤中。

3

生长适温 10 ～ 20℃，冬季能短暂耐 −5℃低温。喜光，稍耐半阴，喜通风环境，否则易受虫害。

4

浇水"见干见湿"，春季控水能使植株低矮。

5

定植时使用控释肥做底肥，生长期使用水溶肥，薄肥勤施。

6

剪去残枝
花后剪去残枝，加强管理，可再次开花。盛夏季节干枯死亡或处于休眠状态下不开花。

松果菊
Echinacea purpurea

❀

懈怠

【株高】0.6～1.2m
【生长类型】宿根花卉

【花期】6—10月
【别名】紫锥菊、紫锥花

【科属】菊科松果菊属
【适应地区】全国各地均可栽培

【观赏效果】植株健壮而高大，风格粗放，花期长，是野生花园和自然地的优良花卉。花朵大型，外形美观，可用于花境或丛植于树丛边缘。水养持久，也是优良的切花品种。

市场价位: ★ ★ ★ ☆ ☆ 　 光照指数: ★ ★ ★ ★ ★ 　 施肥指数: ★ ★ ★ ☆ ☆

栽培难度: ★ ★ ☆ ☆ ☆ 　 浇水指数: ★ ★ ★ ☆ ☆ 　 病虫指数: ★ ☆ ☆ ☆ ☆

全年花历												
月份	1月	2月	3月	4月	5月	6月	7月	8月	9月	10月	11月	12月
生长期												
光照												
浇水												
施肥												
病虫害												
繁殖												
修剪												

🟤 种植小贴士

1

购买种子或盆栽种植，栽种于光照充足、排水良好、土壤疏松肥沃的位置。可春播或秋播，采用撒播的方式，约两周发芽，经1～2次移植后即可定植。

2

喜温暖，生长适温 15～28℃，生性强健而耐寒，能耐 -30℃低温。开花阶段每天保证较长的光照，炎热夏天需适当遮阴。

3

忌积水

积水易烂根，浇水"见干见湿"。

4

定植时施足腐熟肥、厩肥等有机肥，薄肥勤施，每隔两周追肥一次，见蕾后施加磷钾肥。

5

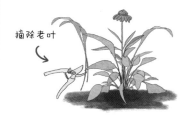

摘除老叶

生长初期需要摘心一次，及时摘除老叶与残花。

醉蝶花
Tarenaya hassleriana

❀

神秘

【株高】30～50cm
【生长类型】一年生草本

【花期】6—9月
【别名】蝴蝶梅、醉蝴蝶、凤蝶草

【科属】白花菜科醉蝶花属
【适应地区】温带至热带地区可栽培

【观赏效果】花朵盛开时，总状花序形成一个丰满的花球，朵朵小花犹如翩翩起舞的蝴蝶，非常美观，可在夏、秋季节布置花坛、花境，也可作为盆栽观赏。对光照适应性强，美化林下或建筑阴面也是不错的选择。

市场价位：★★★☆☆ | 光照指数：★★★★★ | 施肥指数：★★★★☆

栽培难度：★★☆☆☆ | 浇水指数：★★★★☆ | 病虫指数：★★☆☆☆

月份	1月	2月	3月	4月	5月	6月	7月	8月	9月	10月	11月	12月
生长期			🌰	🌿	🌿	✿	✿	✿	✿			
光照			☀	☀	☀	☀	☀	☀	☀			
浇水			💧	💧	💧	💧	💧	💧	💧			
施肥			◆	◆	◆	◆	◆	◆	◆			
病虫害			🐞	🐞	🐞	🐞	🐞	🐞	🐞			
繁殖			🌱	🌱	🌱							
修剪				✋	✋		✂	✂	🤏	✋		

全年花历

🛠 种植小贴士

1　播种繁殖。春、夏季节先用温水浸泡种子数小时，以1cm细土覆盖后用盆浸法育苗，待长出 3 片或更多叶子时即可移栽。也可扦插粗壮顶梢繁殖，栽植后能自播繁殖。

2　喜阳光温暖，耐炎热，略耐半阴，不耐寒。生长适温 20 ～ 32℃。

摘心

3　一般开花前摘心 2 次能萌发更多的开花枝条。开花后及时摘除残花可使其不结籽以延长花期。

4　盛夏每天浇水，且要浇透，空气湿度过低会加快花朵凋谢。

5　除足够基肥外，对肥水要求较多，应遵循"淡肥勤施、量少次多、营养齐全"的施肥原则。

6　常有叶斑病、锈病危害和鳞翅目虫害。

观形、观叶植物

配色小建议：

观形、观叶植物大都以常绿色为主，而绿色是属于大自然的颜色，能令人平静，抚慰心灵。花园里的大片绿色让我们有回归自然的感觉，但如果用于超大的面积上（如草坪绿），可能会在其他颜色的映衬下显得暗淡，这就需要用其他的配色来进行调和。

方案 1：

● 绿色与玫红色、橙黄色的搭配，就像跳跃的音符、欢快的舞步、不羁的青春，给人甜美、明艳的感觉，还带着一丝异域风情。

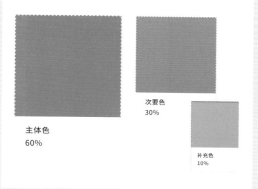

次要色
30%

主体色
60%

补充色
10%

方案 2：

● 绿色与蓝色相组合，呈现都市洒脱的气质，作为同类色的搭配，能给人青春活力的印象。橙红色的加入，成为点睛之笔。

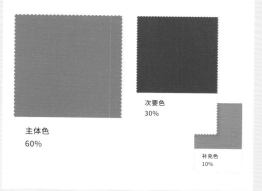

次要色
30%

主体色
60%

补充色
10%

方案 3：

● 深绿色和橙色对比强烈，具有浓郁的复古味道，少量浅绿色的添加，提升了春天的气息。

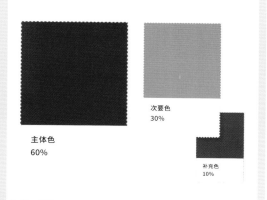

次要色
30%

主体色
60%

补充色
10%

方案 4：

● 绿色与白色相间，端庄中带着一丝闲适。红色的加入活跃了气氛。这种庭院配色更适合中老年人。

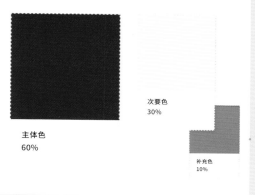

次要色
30%

主体色
60%

补充色
10%

芙蓉菊
Crossostephium chinense

✽

顽强　精彩

【观赏期】几乎全年有花

【别名】香菊、玉芙蓉

【株高】30～90cm

【生长类型】半灌木

【科属】菊科芙蓉菊属
【适应地区】华东及以北地区需室内越冬

【观赏效果】株形紧凑，叶片银白似雪，是优良的庭院观叶植物。其根干苍劲古朴，枝叶密集，自然呈团簇状，常用于制作各种不同造型的树桩盆景。

市场价位: ★★★☆☆	光照指数: ★★★★☆
栽培难度: ★★☆☆☆	浇水指数: ★★★☆☆
施肥指数: ★★★☆☆	
病虫指数: ★★☆☆☆	

全年花历												
月份	1月	2月	3月	4月	5月	6月	7月	8月	9月	10月	11月	12月
生长期	🍃	🍃	🍃	🍃	🍃	🍃	🍃	🍃	✿	✿	✿	🍃
光照	☀	☀	☀	☀	☀	☀	●	●	☀	☀	☀	☀
浇水	💧	💧	💧	💧	💧	💧	💧	💧	💧	💧	💧	💧
施肥			🪣	🪣	🪣	🪣	🪣	🪣	🪣	🪣	🪣	🪣
病虫害				🪲	🪲	🪲	🪲	🪲	🪲	🪲		
繁殖			🌱	🌰	🌰				🌱	🌱		
修剪				✋	✋	✋	✋	✋	✋	✋		

🪏 种植小贴士

1

购买盆栽种植，选择腐殖质深厚、疏松、排水透气性好、保水保肥力强的砂质土壤种植。

2

生长适温 15 ～ 30℃，喜阳光充足且较耐阴，光照过强或过弱均不利生长，夏季高温时适当遮阴降温。

3

喜潮湿环境，浇水"见干见湿"，干燥季节适当喷水保持湿润。

4

薄肥勤施，苗期要施足氮肥，孕蕾期补充磷钾肥。

5

及时剪去过密枝条与老叶，盆景栽培时可在盛开前剪去花蕾，以确保主茎生长发育优良。

狐尾天门冬

Asparagus densiflorus 'Myersii'

✽

气宇轩昂　细心体贴

【观赏期】全年

【别名】狐尾天冬

【科属】天门冬科天门冬属
【适应地区】低于 5℃ 地区需室内越冬

【观赏效果】枝条丛生密集，蓬松如狐狸尾巴，叶色翠绿，四季常青，适应性强，适合盆栽或做花坛镶边。

市场价位: ★★★☆☆	光照指数: ★★★★☆	施肥指数: ★★☆☆☆
栽培难度: ★☆☆☆☆	浇水指数: ★★☆☆☆	病虫指数: ★☆☆☆☆

月份	1月	2月	3月	4月	5月	6月	7月	8月	9月	10月	11月	12月
全年花历												
生长期	🍃	🍃	🍃	🍃	🍃	🍃	🍃	🍃	🍃	🍃	🍃	🍃
光照	☀	☀	☀	☀	☀	☀	●	●	☀	☀	☀	☀
浇水	💧	💧	💧	💧	💧	💧	💧	💧	💧	💧	💧	💧
施肥			🪣	🪣	🪣	🪣	🪣	🪣	🪣			
病虫害						🐞	🐞					
繁殖			🪴	🪴								
修剪			✂						✂			

种植小贴士

1
购买盆栽种植，选择疏松肥沃、不易积水的砂质土壤。

2
分株繁殖，春季结合换盆进行。分株前停止浇水，将植株从土中取出，用刀将肉质根分割成每丛带有 5 ～ 10 个芽的新株，将新株消毒切口栽种到土壤中。也可播种繁殖，种子随采随播。

3

生长适温 15 ～ 25℃，全日照或半日照环境都可以正常生长，夏季高温适当遮阳。

4

肉质根系，较耐旱，忌积水，浇水"见干见湿"，夏季保持土壤湿润，干燥时喷雾增湿。

5

通用肥
薄肥勤施，10 天左右结合浇水追施一次生长通用肥，有利于叶色翠绿、枝叶丰盈。

6
剪去老枝　换盆

及时修剪老化、发黄枝条，生长旺盛的盆栽植株每年春季可换盆、换土一次，有利于促进生长、萌发新枝。

罗汉松
Podocarpus macrophyllus

❀

富贵 吉祥 长寿 安康

【观赏期】全年

【别名】土杉、罗汉杉、狭叶罗汉松

【株高】可达5m（一般修剪控制高度或造型）

【生长类型】小乔木或灌木状

【科属】罗汉松科罗汉松属
【适应地区】长江以南地区可露地栽培，北方地区需室内越冬

【观赏效果】树形优美，枝干遒劲古朴，四季苍翠，绿色的种子下有红色种托，好似许多披红色袈裟正在打坐参禅的罗汉，故得名。适合作为盆景观赏。

市场价位: ★★★★★	光照指数: ★★★★☆	施肥指数: ★★★☆☆
栽培难度: ★★☆☆☆	浇水指数: ★★★☆☆	病虫指数: ★★☆☆☆

月份	1月	2月	3月	4月	5月	6月	7月	8月	9月	10月	11月	12月
全年花历												
生长期	🍃	🍃	🍃	🍃	🍃	🍃	🍃	🍃	🍃	🍃	🍃	🍃
光照	☀	☀	☀	☀	☀	☀	☀	☀	☀	☀	☀	☀
浇水	💧	💧	💧	💧	💧	💧	💧	💧	💧	💧	💧	💧
施肥		🧪	🧪	🧪	🧪	🧪	🧪	🧪	🧪	🧪	🧪	
病虫害						🐞	🐞	🐞	🐞			
繁殖			🌱	🌱	🌱			🌱	🌱			
修剪		✋	✋						✂	✂		

🔨 种植小贴士

1

购买造型盆栽种植，使用疏松、透气且排水性良好的肥沃砂质土壤，不宜用黏重土壤。

2

生长适温 15 ～ 28℃，喜光，耐半阴，充足的光照有利于植株保持树姿。

3

较耐旱，浇水"宁干勿湿"，土壤发白、变干后浇透水，托盘里不能长期存水。

4

喷叶面肥

在换盆或栽种前可在土壤中施入适量基肥，薄肥勤施，生长季节每半月浇一次氮磷钾均衡的肥水，可喷适量叶面肥。

5

修剪造型

可以通过修剪和盘扎等方法，打造成直干式、悬崖式、丛林式、斜干式、文人树等造型。开花时及时将花蕾除去，对已造型的盆景，在春、秋季节注意摘心和修剪，防止枝叶徒长，以保持原来的姿态。

迷迭香
Rosmarinus officinalis

✽

回忆 记得我

【观赏期】全年

【别名】海洋之露、艾菊

【株高】可达 1 ～ 2m

【生长类型】常绿灌木

【科属】唇形科迷迭香属
【适应地区】南方地区可露地栽培，北方地区需室内越冬

【观赏效果】枝繁叶茂，茎、叶、花香气浓郁，可作烹饪香料使用，是一种适合庭院种植的优良香草植物。

市场价位：★★★☆☆　　光照指数：★★★★★　　施肥指数：★★☆☆☆

栽培难度：★★★★☆　　浇水指数：★★☆☆☆　　病虫指数：★☆☆☆☆

全年花历												
月份	1月	2月	3月	4月	5月	6月	7月	8月	9月	10月	11月	12月
生长期	❀	❀	❀	❀	🍃	🍃	🍃	🍃	🍃	🍃	❀	❀
光照	☀	☀	☀	☀	☀	☀	☀	☀	☀	☀	☀	☀
浇水	💧	💧	💧	💧	💧	💧	💧	💧	💧	💧	💧	💧
施肥		🧴	🧴	🧴	🧴	🧴	🧴	🧴	🧴	🧴		
病虫害					🐞	🐞	🐞	🐞	🐞			
繁殖			🌱	🌱					🌱	🌱		
修剪							✂	✂	✂	✂		

🔩 种植小贴士

1

购买盆栽种植，选用疏松肥沃且排水良好的砂质土壤，种植于通风、高燥的位置。

2

喜阳，生长适温 15 ～ 25℃，30℃以上生长缓慢，温度较高时需稍微遮阴。

3

耐旱，浇水不能太过频繁，否则易烂根。冬、春季节保持盆土干燥，夏季盆土干了再浇水。

4

栽种或者换土时施底肥，生长期每月施肥一次，花期前增施1~2 次磷钾肥，冬季停止施肥。

5

修剪造型

幼苗期打顶 2 ～ 3 次，使植株低矮，定期修剪造型，每次修剪的枝叶都不能超过一半，最好是将顶部的分枝剪去 1/3 左右。

肾形草
Heuchera micrantha

❀

预见美好的爱情 未来

【株高】30 ~ 40cm
【生长类型】多年生草本

【别名】矾根
【观赏期】4—10月

【科属】虎耳草科矾根属
【适应地区】能耐 -15℃低温，全国各地均可栽培

【观赏效果】叶色斑斓，有紫色、绿色、黄色、红色等，随着温度和光照强度的变化而变化，被誉为"大自然的调色板"。适合将几个不同叶色的品种组合盆栽，或栽种在小路两旁、花坛、花境中。

市场价位：★★★☆☆	光照指数：★★★☆☆	施肥指数：★★☆☆☆
栽培难度：★★★☆☆	浇水指数：★★★☆☆	病虫指数：★★☆☆☆

全年花历

月份	1月	2月	3月	4月	5月	6月	7月	8月	9月	10月	11月	12月
生长期	🍃	🍃	🍃	✿	✿	✿	🍃	🍃	🍃	🍃	🍃	🍃
光照	☼	☼	☼	☼	☼	☼	☼	☼	☼	☼	☼	☼
浇水	💧	💧	💧	💧	💧	💧	💧	💧	💧	💧	💧	💧
施肥			🧴			🧴			🧴			
病虫害							🪲	🪲	🪲			
繁殖				🌱					🌱			
修剪			✂			✂🌸	✂			✂		

🪏 种植小贴士

1

购买小苗种植,选用疏松透气、富含腐殖质的土壤,种植于通风良好、阴凉的地方,地栽前可先垄高土壤,以防雨季时积水。

2

喜阴,忌强光直射,夏天需采取一定的遮阴措施。生长适温 10 ~ 25℃。

3

浇水"见干见湿",等土壤表面变干之后再浇水,夏季适当控水。

4

喜空气湿润,过于干燥会出现叶片边缘焦枯的现象。经常向周围环境喷雾,但不要直接喷向叶面,容易造成叶心处积水,导致整株腐烂。

5

缓释肥

耐肥能力较差,可在春、秋季节各施一次缓释肥。

6

修剪枯叶

及时修剪枯叶、黄叶。

羽衣甘蓝

Brassica oleracea var. acephala

✳

华美 祝福

【株高】20～70cm

【生长类型】二年生观叶草本

【观赏期】12月至翌年4月

【别名】绿叶甘蓝、牡丹菜

【科属】十字花科芸薹属

【适应地区】华北地区冬季室内栽培，长江以南地区可露地栽培

【观赏效果】一种与卷心菜外形十分相似的植物，叶片形态美观多变，心叶色彩绚丽如花，整株酷似一朵盛开的牡丹花，故被称为"叶牡丹"。其耐寒性强，是冬日花园里一抹艳丽的色彩，片植或与草花搭配种植皆可，集观赏与食用于一体。

市场价位：★★☆☆☆ | 光照指数：★★★★☆ | 施肥指数：★★☆☆☆

栽培难度：★★☆☆☆ | 浇水指数：★★★☆☆ | 病虫指数：★★☆☆☆

全年花历												
月份	1月	2月	3月	4月	5月	6月	7月	8月	9月	10月	11月	12月
生长期	🍃	🍃	🍃	🍃	🍃	🍒	🍃	🍃	🍃	(土)	(土)	🍃
光照	☀	☀	☀	☀	☀	☀	☀	☀	☀	☀	☀	☀
浇水	💧	💧	💧	💧	💧	💧	💧	💧	💧	💧	💧	💧
施肥	肥	肥	肥	肥	肥	肥	肥	肥	肥	肥	肥	肥
病虫害	🐞	🐞	🐞	🐞	🐞	🐞	🐞	🐞	🐞			🐞
繁殖							🌰	🌰				
修剪	✂	✂	✂	✂	✂	✂	✂	✂	✂			

🪏 种植小贴士

1

浸泡种子

7—8月播种繁殖。播种前先喷透基质层，种子浸泡8小时后播入容器中，覆一层薄土，浇透水，5天左右就会有苗长出。

2

忌积水

出苗后要保持苗床湿润，幼苗长至5～6片真叶时即可移栽定植。生长期内也要保持盆土湿润，但不要积水。

3

喜光，忌过度暴晒，盛夏需适当遮阴。生长适温20～25℃。

4

磷肥、钾肥

观赏期控肥，每月施一次薄肥，以磷肥、钾肥为主。

5

及时摘除老叶，保持良好通风，有利于避免病虫害发生。

6

剪去花葶

6月份种子成熟，不采种时应及时剪去花葶，以延长叶片的观赏期。